国家科学技术学术著作出版基金资助出版

热障涂层低热导陶瓷材料的设计理论与方法

潘 伟 万春磊 冯 晶
瞿志学 杜爱兵 吴瑞芬 著

科 学 出 版 社
北 京

内 容 简 介

随着科学技术的发展，热障涂层材料及技术在航空航天、国防安全、能源等领域起着越来越重要的作用。热障涂层主要利用陶瓷材料的高熔点、抗氧化、低热导率等特点，为基体合金部件提供热防护与抗腐蚀功能，从而提升高温合金部件的工作温度及服役寿命。热障涂层材料需要具有优异的高温热物理与力学性能，其中低热导率尤为重要。本书以热传导理论为指导，探讨氧化物陶瓷材料的结构特征及其与导热性能的关系，从而提炼出低热导率氧化物陶瓷材料的设计原理与方法。

本书内容新颖、难度适中，适合从事热传输理论、涂层、稀土材料和第一性原理计算的研究工作者，以及相关专业的本科生、研究生和教师阅读、参考。

图书在版编目(CIP)数据

热障涂层低热导陶瓷材料的设计理论与方法/潘伟等著. —北京：科学出版社，2021.1

ISBN 978-7-03-055676-9

Ⅰ. ①热… Ⅱ. ①潘… Ⅲ. ①陶瓷—热障—高温无机涂层—研究 Ⅳ. ①TQ174.4

中国版本图书馆CIP数据核字(2017)第292687号

责任编辑：叶苏苏/ 责任校对：王 瑞

责任印制：罗 科/ 封面设计：陈 敬

科学出版社 出版

北京东黄城根北街16号

邮政编码：100717

http://www.sciencep.com

成都锦瑞印刷有限责任公司 印刷

科学出版社发行 各地新华书店经销

*

2021年1月第 一 版 开本：720×1000 1/16

2021年1月第一次印刷 印张：8 1/2

字数：172 000

定价：119.00元

(如有印装质量问题，我社负责调换)

前　　言

热障涂层通常要求材料具有低热导率、高热膨胀系数、高熔点、低烧结速率、良好的抗熔盐腐蚀性、低模量以及高硬度等性能，并在工作温度范围内无相变发生，化学稳定性好，与黏结层合金之间具有良好的化学相容性等。在众多性能指标中，热导率是重要的参数之一，它直接决定着对高温工作部件的热防护效果。涂层的热导率越低，同等条件下，隔热效果就越显著，对燃气温度以及部件服役寿命的提升也越有利。

目前能够成熟应用于工业上的热障涂层材料为氧化钇稳定氧化锆(yttria-stabilized zirconia，YSZ)，然而 YSZ 长时间在高于 1200℃的温度下工作，亚稳四方(t′)相将会降解为四方(t)相与立方(c)相。四方相在冷却过程中转变为单斜(m)相，其间伴随较大的相变体积变化，从而产生大量微裂纹，裂纹扩展使涂层脱落失效。伴随着现代航空发动机以及燃气轮机的发展，YSZ 材料已难以满足不断提高的工作温度需求，探索具有耐更高温度、更低热导率的新型热障涂层材料势在必行。

过去几十年间，对于优异的热障涂层材料体系及制备技术的探索与开发从未间断过。目前研究的新型热障涂层材料系统主要包括稀土氧化物稳定氧化锆(RE_2O_3-ZrO_2)系列、$RE_2Zr_2O_7$、$RE_2Ce_2O_7$、$RE_2Sn_2O_7$、$REPO_4$、钙钛矿型 ABO_3(A=Sr，Ba；B=Ti，Zr，Hf)、$REMgAl_{11}O_{19}$、$RETaO_4$、RE_3TaO_7 以及 $RETa_3O_9$ 等。然而对于热障涂层低热导率陶瓷材料的设计与机理的系统研究还很少。本书以声子传输为理论指导，结合作者多年的研究经验与成果，详细介绍低热导率陶瓷热障涂层材料性能与其结构之间的关系，以及热障涂层低热导率陶瓷材料一般的设计理论与方法。

热障涂层材料的实际工作环境相当苛刻，涉及热学、力学、化学等领域。本书仅讨论一系列新型热障涂层材料的热-力学性能与结构之间的关系，主要包括热扩散系数、热导率、热膨胀系数、弹性模量以及断裂韧性等。对于书中存在的疏漏及不妥之处，望读者批评指正！

本书的内容是作者多年研究成果的总结，主要研究工作依托于清华大学新型陶瓷与精细工艺国家重点实验室与昆明理工大学云南省高校先进涂层材料设计与应用重点实验室平台，同时得到国家自然科学基金的资助。

著　者

2020 年 7 月 29 日

目　录

第 1 章　绪　　论

1.1　热障涂层简介

1.1.1　热障涂层的概念及用途

随着燃气轮机向高温高效方向发展，在燃气轮机高温系统中工作的许多金属部件将经受更严酷的高温、高应力、热冲击、腐蚀、粒子冲蚀等考验。为了提高这些高温部件工作的可靠性、延长其使用寿命，需在它们的工作表面制备一层热绝缘抗腐蚀涂层，使高温燃气和部件合金基体之间产生很大的温降，以提高合金基体的耐热和耐腐蚀性能，保证这些部件在相对较高的温度下工作，这类热绝缘抗腐蚀涂层就称为热障涂层(thermal barrier coatings，TBCs)[1，2]。

随着航空发动机不断向高流量比、高推重比、高进口温度方向发展，燃烧室中的燃气温度和压力也不断提高。推重比为 8 的发动机燃烧室中的燃气温度为 1300～1400℃；推重比为 10 的发动机燃烧室中的燃气温度则升高到 1600～1700℃；预计当发动机的推重比达到 20 时，燃气温度将超过 2000℃[3]。为达到如此高的燃气温度，通常采用三种途径[4]：第一是研制出具有耐高温蠕变以及抗氧化性能的合金[5]；第二是采用先进的铸造技术，一方面铸造大块单晶合金叶片，另一方面在叶片内部铸造复杂的气冷通道以增强冷却；第三就是采用热障涂层技术，在受热金属表面涂覆热绝缘材料[6，7]。

从图 1.1 中可以看到，除了先进的冷却技术，采用热障涂层使燃气轮机工作温度上限得到明显提高，而且提高幅度超过了铸造技术进步带来的工作温度提高幅度[8]，能够使燃气轮机的热效率大幅度提高。

热障涂层的主要作用就是在高温燃气和合金叶片基体之间提供热屏蔽层，从而使部件能够工作在较高温度下以获得高热效率。除此之外，热障涂层还能够为热焰喷发而导致的瞬时热冲击提供防护，从而简化燃气轮机叶片因考虑温度梯度和热变形而增加的外形设计[8]。

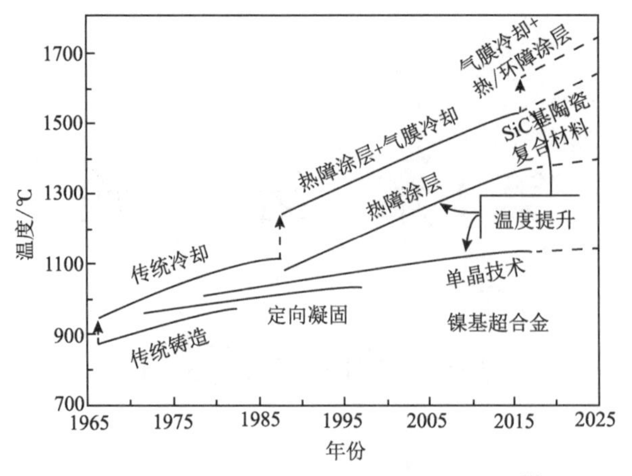

图 1.1 燃气轮机工作温度随年份的演变[8]

1.1.2 热障涂层的结构及材料的性能要求

如图 1.2 所示，热障涂层体系通常包括四种组分[4, 8]：热障涂层、黏结层(bond coat)、热生成氧化物层(thermal growth oxide)以及合金基体。热障涂层是提供热绝缘的主要部件，通常采用热导率较低、高温稳定性好的氧化物材料，采用大气等离子喷涂(atmosphere plasma spray，APS)或电子束物理气相沉积(electron beam physical vapor deposition，EB-PVD)等方法制备而成。热障涂层除了产生温度梯度，还需要承受外来粒子的高速冲击磨损以及高温化学环境的热腐蚀，同时应当具备同合金基体良好的热匹配以及化学相容性。使用 EB-PVD 方法通常制备成如图 1.2 所示的柱状结构，并保持一定的气孔率，主要是为了增强热障涂层的应力容忍度并降低热导率。为了增强热障涂层同合金基体的结合以及降低氧扩散能力，通常在基体表面制备一层过渡型黏结层，主要成分有两种，即 NiCrAlY 合金体系以及铂改性扩散铝化物。黏结层的高温蠕变行为、屈服强度以及高温下微观结构的变化对整个热障涂层体系的性能都有很大影响。黏结层的另外一个作用就是提供铝元素，通过铝元素的扩散以及氧化在热障涂层与黏结层界面形成热生成氧化物层。Al_2O_3 和黏结层的结合力较好，而且氧离子扩散系数极小，热生成氧化物层能够有效阻止氧气进一步进入热障涂层内部，氧化黏结层以及合金基体。但是 Al_2O_3 和黏结层之间热膨胀系数的巨大差异引起的热失配已经成为热障涂层失效的主要因素之一。

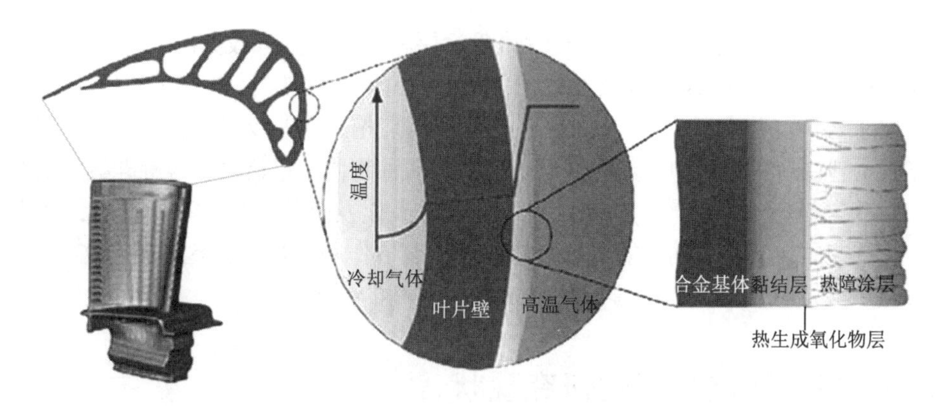

图 1.2　燃气轮机叶片中采用的热障涂层体系示意图

从热障涂层的功能以及与整个体系的相容性出发，要求热障涂层材料应当具备以下性能。

(1) 低热导率。热导率是热障涂层材料的关键参数，直接决定了其热防护性能。低热导率能够提高燃气轮机的工作温度上限，同时能够降低合金基体表面温度。模拟计算表明，热导率降低 50%可以使合金基体表面温度降低 55℃[9]。除此之外，在相同温降要求下，采用低热导率热障涂层材料还可以减小涂层厚度，减轻燃气轮机叶片的重量。

(2) 高热膨胀系数。热障涂层材料与合金基体以及黏结层热膨胀系数差异而导致的界面热应力是热障涂层失效的原因之一。黏结层 NiCrAlY 合金的热膨胀系数[4]达到 $13\times10^{-6}\sim16\times10^{-6}K^{-1}$，而通常氧化物材料的热膨胀系数较低，现役热障涂层材料 YSZ 的热膨胀系数为 $10\times10^{-6}\sim11\times10^{-6}K^{-1}$，因此需要提升热障涂层材料的热膨胀系数，以减小与合金基体的热失配。

(3) 低弹性模量。热障涂层的应力容忍度与热障涂层的微观结构和气孔率有关，主要取决于材料的弹性模量。低弹性模量可以使热障涂层在相同的热变形条件下产生更低的热应力，减小热障涂层的损伤和失效[10]。

(4) 低烧结性。通过热喷涂获得的热障涂层通常有一定含量的气孔，也存在一些微裂纹，结构疏松。这种结构的弹性模量较低，韧性较好，能够承受热应力冲击以及外来物体的撞击，同时气孔减小了热传导的截面积，降低了热导率。但是在长时间高温环境的使用过程中，热障涂层材料易发生烧结现象，气孔及微裂纹愈合，晶粒长大，导致热障涂层结构致密化，气孔率降低，弹性模量升高，韧性变差，应力容忍度减小，热导率也升高，显著降低了热障涂层的稳定性和热防护效能[11]。因此需要降低热障涂层材料在高温下的传质与扩散能力，降低烧结速率，保持微观结构的稳定性。

除了以上的性能要求，还要求热障涂层材料具有高熔点、高化学稳定性、在室温到工作温度之间没有相变。同时热障涂层材料应当具有较高的硬度和韧性，能够抵抗外来粒子的撞击以及冲蚀磨损[8]。由于热障涂层材料直接与 Al_2O_3 接触，要求热障涂层材料具备与 Al_2O_3 的化学反应惰性以及良好的黏附性。最近的研究表明，在使用过程中，热障涂层还会接触多种物质，包括含有熔融硅酸盐的沙尘，某些燃料燃烧之后产生的硫、钒等氧化物，以及燃气燃烧过程中产生的水蒸气，这些物质在高温下均可能对热障涂层产生腐蚀作用，引起热障涂层失效[8]，从而对热障涂层材料的高温化学稳定性提出了更高的要求。

1.1.3 热障涂层材料的研究现状

围绕热障涂层材料的性能要求，目前热障涂层材料的研究主要有以下进展。

1. ZrO_2 系列

目前，在所有陶瓷材料中，ZrO_2 是热障涂层陶瓷材料的最佳选择。然而，纯 ZrO_2 存在晶型转变，伴随着较大体积变化，容易导致裂纹的形成和发展，甚至造成热障涂层的开裂和剥落。这个问题可以通过添加稳定剂来解决，常用的稳定剂有 MgO、CaO、Y_2O_3 等。这些物质的阳离子与 Zr^{4+} 相近，它们与 ZrO_2 的单斜相、四方相、立方相都可以形成置换式固溶体，大大降低了 ZrO_2 的相变温度，使立方相能在远低于纯 ZrO_2 相平衡温度的条件下存在，从而保持 ZrO_2 的晶型结构稳定。

YSZ 是目前在燃气轮机和涡轮发动机上应用最广泛的热障涂层材料。研究工作表明，在 YSZ 体系中，Y_2O_3 的最佳质量分数为 6%～8%[12]，大量的研究都集中在 6%～8%Y_2O_3-ZrO_2(简称 6YSZ～8YSZ)体系上。YSZ 材料具有如下优异的性能[13]：①高熔点(2700℃)；②低热导率[2.5W/(m·K)，1000℃]；③高热膨胀系数(11.0×10^{-6}℃$^{-1}$)；④耐高温氧化；⑤优良的高温化学稳定性，与热生成氧化物 Al_2O_3 的化学相容性好；⑥优异的综合力学性能，包括高硬度、高韧性及抗冲蚀磨损能力。但是 YSZ 材料同样存在一些缺点。首先，YSZ 存在相稳定性问题，APS 或 EB-PVD 方法制备的 6YSZ～8YSZ 实际上以一种亚稳四方相形式存在，当温度高于 1200℃时，亚稳四方相会分解为该温度下的平衡相——四方相和立方相，冷却过程中四方相会转变为单斜相，相转变过程中伴随较大的体积变化，将会导致涂层中产生裂纹甚至涂层的剥落，因此 YSZ 的工作温度往往限制在 1200℃以下[14]。其次，YSZ 同样存在烧结速率过高的问题，YSZ 烧结活性很高，通过热喷涂制备的含有一定气孔的涂层在高温下很容易发生烧结，导致气孔率减小、结构致密化，从而导致弹性模量增加，热应力增加，涂层的疲劳寿命减小，同时会引起热导率增加，合金基体表面温度升高[14]。最后，YSZ 的高温热导率约为 2.5W/(m·K)[9]，热导率相对较高，无法提供较大的温度梯度，从而使燃气轮机不能在更高的温度下工作。

近年来针对 YSZ 的应用问题，研究者进行了不同方面的改进。Rahaman 等[15]采用 Gd_2O_3 替代 Y_2O_3 作为 ZrO_2 的稳定剂，来研究不同的稳定剂对相稳定性、烧结速率以及热导率的影响。结果表明与 YSZ 相比，采用相同含量的 Gd_2O_3 掺杂 ZrO_2 烧结速率明显降低，热导率也有一定程度降低，相稳定性也有所降低，亚稳四方相更容易分解为四方相和立方相。同时 Rebollo 等[16]的研究表明，掺杂离子的半径对 ZrO_2 的相稳定性有很大影响，半径越大，相稳定性越差，但由于亚稳四方相的分解过程较为复杂，其影响机理尚不清楚。

YSZ 的低热导率主要是由 Y_2O_3 掺杂 ZrO_2 以后产生的氧离子空位对声子的强烈散射引起的，而 Y_2O_3 掺杂 ZrO_2 同样产生了 Y_{Zr} 替代型点缺陷，但由于 Y^{3+} 和 Zr^{4+} 的质量数和离子半径均相差较小，这种替代型点缺陷对声子散射效果明显小于氧离子空位。Raghavan 等[17]采用五价离子 Ta^{5+} 以及 Nb^{5+} 和三价离子 Y^{3+} 共掺 ZrO_2，Y^{3+} 掺杂后会产生氧离子空位，而同时掺入 Ta^{5+}/Nb^{5+} 则又会减少氧离子空位，同时引入质量数和离子半径差异均比较大的替代型点缺陷。当三价离子和五价离子掺杂量相等时，氧离子空位正好抵消，浓度为零，缺陷反应方程式为

$$xZ_2O_5 + yY_2O_3 = 2xZ^{\bullet}_{Zr} + 2yY'_{Zr} + (5x+3y)O_O + (y-x)\ V''_O \qquad (1\text{-}1)$$

其中，Z 为五价元素 Ta 或 Nb。由式(1-1)可以得知，通过改变 Ta_2O_5/Nb_2O_5 和 Y_2O_3 的掺杂量比会独立改变替代型点缺陷和氧离子空位的浓度，从而分别研究两者对热导率的影响。研究结果表明，当两者掺杂量相等时，化合物中不存在氧离子空位，替代型点缺陷引起的声子散射使热导率降低到和 8YSZ 相当的程度；而当 Y_2O_3 掺杂量较多时，化合物中会同时存在替代型点缺陷和氧离子空位，但却分解为单斜相和立方相，其热导率并没有明显低于 8YSZ，原因可能是两种点缺陷分散到不同的相里，声子散射效果有所降低。

目前，对 YSZ 性能改善最成功的是 Zhu 等[18]将多种稀土氧化物共同掺入 ZrO_2 中，在涂层中形成缺陷团簇和纳米相结构，使热导率显著降低，同时抗烧结能力和高温稳定性也得到提高。设计的成分为 ZrO_2-Y_2O_3-Nd_2O_3(Gd_2O_3，Sm_2O_3)-Yb_2O_3(Sc_2O_3)，掺杂氧化物选择的影响因素是原子间作用力、化学势、晶格应变能量(主要是离子尺寸效应)以及体系的电负性，从而有助于形成热力学稳定的、移动性差的缺陷团簇和纳米级有序相。高分辨电子显微照片显示在这些涂层中，掺杂的稀土元素通过偏聚形成 5～100nm 的缺陷团簇区，这些缺陷团簇产生了极大的晶格应变，据估计某些团簇区的晶体学参数相对于基体的变化超过了 5%。强烈的晶格应变增强了声子散射，使热导率明显降低。同时这些移动性

差的缺陷团簇能够同氧离子空位形成较为稳定的复合缺陷，降低了氧离子的迁移能力，使得整个氧化物中的原子移动性以及质量输运降低，从而使高温下的烧结活性降低。

2. 稀土锆酸盐体系

稀土锆酸盐 $RE_2Zr_2O_7$ 陶瓷是一种具有焦绿石或萤石结构的新型热障涂层候选材料。该系列材料具有工作温度高、高温下结构稳定性好、热导率低等优点。

$La_2Zr_2O_7$ 陶瓷具有比 YSZ 陶瓷更低的杨氏模量、更低的热导率[700℃的热导率为 1.6W/(m·K)]、更好的高温稳定性，以及和 YSZ 陶瓷相当的断裂韧性，因此近年来得到广泛研究[14]。值得注意的是，$La_2Zr_2O_7$ 陶瓷中掺杂 30%(质量分数)Nd^{3+}、Eu^{3+}或 Gd^{3+}的结果表明，随着掺杂阳离子质量的变化，热导率呈现一定规律性。当掺杂 30%(质量分数)的 Gd^{3+}时，掺杂 $La_2Zr_2O_7$ 陶瓷的热导率达到最低，1073K 时掺杂 $La_2Zr_2O_7$ 陶瓷的热导率大约为 0.9W/(m·K)，而单相 $La_2Zr_2O_7$ 陶瓷的热导率大约为 1.55W/(m·K)[19]。

除了 $La_2Zr_2O_7$ 陶瓷，Wu 等[20, 21]还对具有 $RE_2Zr_2O_7$ 结构(RE=Eu，Gd，Sm，Nd)的其他稀土锆酸盐体系进行了研究，结果表明这些稀土锆酸盐陶瓷在700℃的热导率为 1.3～1.6W/(m·K)，明显低于 YSZ 陶瓷的热导率，结果示于表 1.1。Xu 等[22]研究了萤石结构稀土锆酸盐 $Dy_2Zr_2O_7$、$Er_2Zr_2O_7$、$Yb_2Zr_2O_7$，其热导率和焦绿石结构的稀土锆酸盐相近，达到 1.3～1.9W/(m·K)(20～800℃)。

表 1.1 $RE_2Zr_2O_7$ 陶瓷的热导率结果

材料	热导率(1073K)/[W/(m·K)]	文献
$La_2Zr_2O_7$	1.6	[14]
$Nd_2Zr_2O_7$	1.6	[20]
$Sm_2Zr_2O_7$	1.5	[20]
$Gd_2Zr_2O_7$	1.6	[20]

在实际应用过程中，稀土锆酸盐尚存在一些问题，包括和热生成氧化物 Al_2O_3 的反应以及由辐射传导导致的高温热导率显著提升。

3. 铈酸盐系列

铈酸盐 $La_2Ce_2O_7$ 陶瓷是 La_2O_3 在 CeO_2 中的固溶体，它是一个 1/8 O 位置为空位的缺陷型萤石结构。该陶瓷在热障涂层中的应用是由 Cao 等[23]率先提出的。他们的研究结果表明，$La_2Ce_2O_7$ 陶瓷在高温(1200℃)下的热膨胀系数达到 $14\times10^{-6}K^{-1}$，已经接近黏结层合金的热膨胀系数($13\sim16\times10^{-6}K^{-1}$)，几乎是所有高温氧化物中的最高值。$La_2Ce_2O_7$ 的高热膨胀系数主要是因为 Ce^{4+}在高温下还原为 Ce^{3+}，体系的晶格能下降。他们同时通过改变结构的化学计量比 $La_{2-x}Ce_xO_{7-y}$ 来获得更高浓度的氧离子空位，从而使低温下的热膨胀系数也有所提高。另外，在 1400℃长时间退火条件下，$La_2Ce_2O_7$ 陶瓷仍然保持相稳定，不发生相变。

$La_2Ce_2O_7$ 同时存在一些问题。例如，$La_2Ce_2O_7$ 在 250℃左右存在负膨胀现象，这可能是因为氧离子的横向振动。但初步研究表明，这种负膨胀系数对于热障涂层的热循环寿命影响不大。之后 Ma 等[24]在 $La_2Ce_2O_7$ 中掺杂 WO_3 或 Ta_2O_5，结果发现能够显著抑制低温负膨胀现象。同时发现 $La_2Ce_2O_7$ 中加入更多的 CeO_2 也能起到相同的作用。

$La_2Ce_2O_7$ 的另外一个问题就是烧结活性较强，在 1280℃之后收缩严重。Cao 等[25]后来采用 ZrO_2 替换部分 CeO_2，形成 $La_2(Zr_xCe_{1-x})_2O_7$ 固溶体。结果表明 $La_2(Zr_{0.7}Ce_{0.3})_2O_7$ 的烧结收缩明显降低，X 射线衍射(X-ray diffraction，XRD)结果表明该成分是焦绿石结构和萤石结构的混合相，其抗烧结能力可能和混合相结构有关。

由于 $La_2Ce_2O_7$ 的高热膨胀系数来源于 Ce^{4+}的还原，又有研究者研究了 Nd_2O_3-CeO_2[26]以及 Sm_2O_3-CeO_2[27]体系，结果发现这些体系同样具备高热膨胀系数。

4. 稀土磷酸盐体系

磷酸盐有着和硅酸盐类似的网络结构，其结构建立在共顶点、共边的磷氧四面体上。稀土磷酸盐主要有独居石和磷钇矿两种结构[28]，镧系元素中半径较大的 La 和 Gd 元素磷酸盐形成独居石结构，而 Tb 以后的元素则形成磷钇矿结构。独居石中磷氧四面体存在明显的偏转，稀土元素的配位数为 9，且和周围氧离子作用较弱；磷钇矿结构对称性较高，磷氧四面体排列规整，稀土元素的配位数为 8，且和周围氧离子作用较强。两者结构的差异导致热导率的差异，独居石结构的热导率明显低于磷钇矿，室温下 $LaPO_4$ 和 YPO_4 的热导率分别为 7.0W/(m·K)和 2.5W/(m·K)，在 1000℃下两者的热导率分别为 2.5W/(m·K)和 1.8W/(m·K)[29]。

独居石结构的 $LaPO_4$ 由于晶体结构的非规整性具有较低的热导率，同时其熔点较高(2345K±20K)，热膨胀系数也达到 $10.5\times10^{-6}K^{-1}$(1273K)。$LaPO_4$ 的化学稳定性比较高，能够有效抵抗燃料燃烧之后产生的硫、钒氧化物的腐蚀。$LaPO_4$ 对热生成氧化物 Al_2O_3 的化学反应惰性很好，但同时带来和 Al_2O_3 结合力较差的问题。$LaPO_4$ 在应用中存在的一个较大问题是热喷涂过程中 La、P 元素的蒸气压差别较大，极容易造成化学计量比偏移[30]。

除了以上体系，$SrZrO_3$ 钙钛矿型结构、$LaMgAl_{11}O_{19}$ 磁铁矿型结构、

$Y_3Al_xFe_{5-x}O_{12}$ 尖晶石结构、$NaZr_2P_3O_{12}$ 以及 $BaNd_2Ti_3O_{10}$ 层状钙钛矿结构等体系也得到了研究[31-33]。

除了选取不同材料，也有研究者提出采用纳米或非晶态材料[34]。与常规材料相比，纳米陶瓷的塑韧性大幅度提高，抗热冲击和抗断裂能力相应增强，热膨胀系数比常规材料几乎大一倍，而且由于晶界尺寸接近声子平均自由程，声子散射增强，热导率较低。但是在长期高温条件下，非晶态材料容易晶化，纳米材料中发生晶粒长大，从而失去了对性能有益的微结构特征。纳米复相材料可能具有更好的抗晶粒粗化能力，但初步研究表明，Al_2O_3/ZrO_2 纳米复合涂层容易发生球化，之后也发生晶粒长大[9]。因此纳米或非晶态材料在热障涂层中的应用还需要进一步系统研究。

1.2 固体晶格热传导理论

热导率是热障涂层材料的重要性能，进一步降低已有材料的热导率，并开发具有更低热导率的材料体系成为本书的主要目标。因此需要对固体热传导的规律本质以及影响因素进行全面理解，为实验提供理论指导。

1.2.1 固体晶格热传导简介

在固体中热量主要是通过声子和电子来传递的。在绝缘性固体中不存在自由电子，热传导主要依靠声子。固体中的原子都是紧密联系在一起的，温度较高的区域振动能量增加，并会传递到低能量区域。在德拜理论中，热传导被视为不同晶格振动波之间的能量交换。在量子理论提出以后，热量则被理解为由声子来传播，声子即晶格振动的能量量子，声子间的碰撞和能量交换形成了热传导[35, 36]。通过类比气体热传导公式，固体中声子热传导的表达式为[35]

$$k=\frac{1}{3}C_V\lambda v \tag{1-2}$$

其中，C_V为体积比热容；λ 为声子平均自由程；v 为声子平均速度。

固体的比热容主要来源于晶格振动，对此爱因斯坦以及德拜均提出了相应的晶格振动模型，其中德拜模型为[36]

$$C_{\text{mole}} = 9R\left(\frac{T}{\theta_{\text{D}}}\right)^3 \int_0^{\theta_{\text{D}}/T} \frac{u^4 \text{e}^u}{\left(\text{e}^u - 1\right)^2} \text{d}u \tag{1-3}$$

其中，C_{mole} 为摩尔比热容；θ_{D} 为德拜温度。德拜理论很好地解释了低温下比热容的温度相关性(正比于 T^3)，在高温下比热容极限值为常数 $3R$，与爱因斯坦模型结果一致，同时与杜隆-珀蒂定律相符。有关实验也证明德拜模型完全能够说明 ZrO_2 及其固溶体的比热容-温度关系。

声子平均速度主要取决于弹性模量(E)和密度(ρ)[37]：

$$v = A\sqrt{\frac{E}{\rho}} \tag{1-4}$$

其中，A 为常数，数值为 0.87 ± 0.02。

声子平均自由程 λ 是决定热导率的主要因素，反映了固体中声子交换能量的速率。在绝缘固体中，λ 主要由多种声子散射过程决定，包括声子间散射、缺陷散射以及界面散射等，而且在不同的温度区间的影响因素也不同。

1.2.2 固体热导率的温度依存关系

图 1.3 为典型绝缘无机非金属材料热导率随温度变化曲线。热导率和温度的关系可以分为四个区间。在不同的区间，热导率的决定性因素也有所差别[37]。

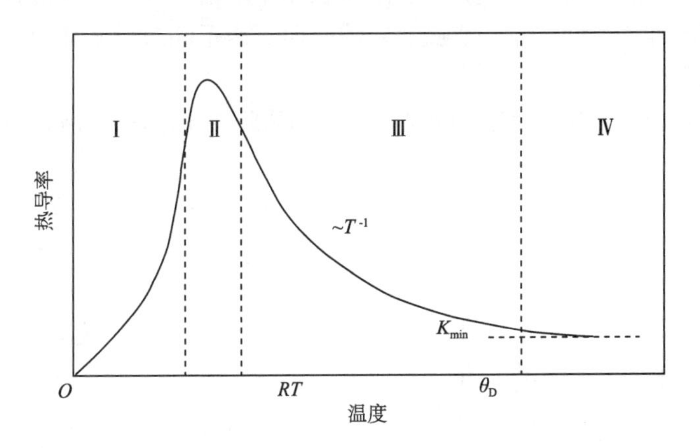

图 1.3 典型绝缘无机非金属材料热导率随温度变化曲线

区间Ⅰ往往在 20K 以下，此时声子平均自由程较大，尺寸较小的各类缺陷对声子散射作用很小，限制声子平均自由程的主要是界面散射，包括晶粒尺寸以及材料的宏观尺寸，此时材料的热导率往往表现出和宏观尺寸的相关性。除了界面散射，也存在比较微弱的声子间散射。因此声子平均自由程的温度相关性较小，在区间Ⅰ，热导率的温度系数主要由比热容决定，约正比于 T^3。在区间Ⅱ，热导率增加到峰值后再降低，主要由区间Ⅰ到区间Ⅲ的转变所决定。

在区间Ⅲ，热导率随温度升高而减小，近似正比于 T^{-1}。由于晶格振动增强，声子间散射加剧，声子平均自由程减小，各类缺陷包括点缺陷以及位错等对声子的散射作用也增强，此时晶界对声子平均自由程的影响减小。

在高温区间Ⅳ，随着声子间散射的增强，声子平均自由程达到极限值，即原子间距，而根据杜隆-珀蒂定律，此时比热容也达到极限值，因此热导率几乎随温度恒定不变。

1.2.3　声子散射过程机理

1. 声子间散射

声子间散射是固体本征热阻的来源，是图 1.3 区间Ⅲ中热导率的主要影响因素[35, 36]。声子间散射与晶格振动的非谐振性有关。如果晶体中原子的势能和该原子与平衡位置的位移呈严格的二次方关系，即此时原子振动是完全谐振性的，不同的晶格波在相遇时就不会相互干涉并造成能量损失，此时声子平均自由程无限大，热阻为零。然而实际晶体的原子势能和偏离平衡位置的位移关系中除二次方项外还有三次、四次等高次方项，原子振动是非谐振性的，晶格波在相遇过程中就会相互干涉，造成能量的衰减，形成热阻。声子间散射又称为非谐振散射或 Umklapp 散射。

采用量纲分析方法，Dugdale 和 MacDonald[38]提出声子间散射引起的声子平均自由程表达式：

$$\lambda = \frac{a}{\alpha\gamma T} \tag{1-5}$$

其中，a 为原子间距；α 为热膨胀系数；γ 为非谐振参数，也是 Grüneisen 常数。声子平均自由程几乎与温度成反比。

而热膨胀系数 α 和非谐振参数 γ 存在如下关系[39]：

$$\gamma = \alpha K / \left(C_V / V\right) \tag{1-6}$$

其中，K 为体弹性模量；V 为摩尔体积。Lawson[40]假设声子平均速度与膨胀波速相等，并将式(1-5)和式(1-6)代入式(1-2)中经过推导得到热导率的表达式：

$$k = \frac{aK^{3/2}}{3\gamma^2 \rho^{1/2} T} \tag{1-7}$$

Berman 也以德拜温度的形式给出了热导率的表达式：

$$k \propto \frac{\overline{M} a \theta_{\mathrm{D}}^3}{\gamma^2 T} \tag{1-8}$$

其中，$\overline{M}$ 为平均原子质量。

Slack 又据此提出热导率的精确值：

$$k = \frac{3.0 \times 10^{-5} \overline{M} a \theta_{\mathrm{D}}^3}{\gamma^2 {\nu_{\mathrm{a}}}^{2/3} T} \tag{1-9}$$

其中，ν_{a} 为晶胞中的原子数目。

结果表明，对于多种结构简单、组成元素较少的化合物，式(1-9)的计算结果与实验值差别不大；但对于结构复杂、组成元素较多的化合物，式(1-9)的偏差较大。

2. 点缺陷声子散射

声子与晶体中各种缺陷相互作用也会引起散射，从而影响声子平均自由程，而且这一类声子散射机构对声子平均自由程的影响随温度不同而变化。晶体中各种缺陷不仅会引起声子散射，而且会引起晶格振动的非简谐性，从而使声子间散射加剧，进一步减小声子平均自由程，导致晶体热导率降低。

在晶胞中掺入其他离子，则由掺入原子与主原子的原子质量不同所引起的声子散射率为[35]

$$\frac{1}{\tau_{\Delta M}(\omega)} = \frac{c a^3 \omega^4}{4\pi {v_s}^3} \left(\frac{\Delta M}{M} \right)^2 \tag{1-10}$$

其中，τ 为弛豫时间；a^3 为原子体积；v_s 为横波速度；ω 为声子频率；c 为单位体积中点缺陷数目与点阵位置数目的比值；M 为主原子的原子质量；$M + \Delta M$ 为掺入原子的原子质量。可见，对于同一个主原子，声子的散射率与掺入原子和主原子质量差的平方成正比，考虑到原子质量和相对原子质量的正比关系，即声子的散射率与掺入原子和主原子相对原子质量差的平方成正比，也就是说，掺入原子的相对原子质量与主原子相对原子质量的差别越大，声子的散射率就越大。

德拜在 1914 年曾经指出，除了在极低温度，声子在最完美的晶体里运动时也会受到散射。这是因为晶体内的实际密度随时存在起伏，在每一瞬间，有的地方稀薄，有的地方稠密。而声波的速度随密度而异，如果密度出现不规则变化，声子的运动也时快时慢，有时偏折。因此，所有能改变局部密度的缺陷都能对声子运动产生影响，从而使声子速度改变以致散射。这些由声子速度改变所引起的声子散射率可以表示为[35]

$$\frac{1}{\tau_{\Delta v}(\omega)}=\frac{3}{\pi}V^2q^4\left(\frac{\Delta v}{v}\right)^2 \tag{1-11}$$

其中，q 为波数；v 为正常密度时的声子速度；Δv 为密度变化引起声子速度的变化。

在晶胞中掺入其他原子，这些具有不同离子半径的离子和原子将在点阵中引入弹性应变场，导致其周围的原子产生位移。原子间距的变化将会改变声子频率，导致声子的散射。这些由最近邻原子相对位移所引起的声子散射率可以表示为[35]

$$\frac{1}{\tau_{\Delta R}(\omega)}=\frac{2ca^3\omega^4}{\pi v^3}J^2\gamma^2\left(\frac{\Delta R}{R}\right)^2 \tag{1-12}$$

其中，J 为常数；γ 为 Grüneisen 常数；R 为未掺杂时的原子间距；ΔR 为掺入其他原子后引起的原子间距的变化。可见，在同一个晶胞中掺杂其他原子的声子的散射率与掺入原子后原子间距变化的平方成正比。

3. 晶界声子散射

晶界实际上是一种尺寸较大的晶体缺陷，其特征尺寸即晶粒尺寸。晶界散射的声子平均自由程 I_b 与晶粒尺寸 D 相当[35]：

$$I_b=1.12D \tag{1-13}$$

低热导率的热障涂层材料由于具有强烈的声子散射过程，其声子平均自由程在高温下甚至在室温下达到纳米量级，而其晶粒尺寸在微米量级，因此晶界散射对声子平均自由程的影响可以忽略。但纳米材料的晶粒尺寸与声子平均自由程接近，其晶界散射对热导率的影响较大。

图 1.4 为不同晶粒尺寸 7YSZ 的热导率[41]。可以看到，当晶粒尺寸达到纳米量级时，热导率明显降低。一般的点缺陷或者晶格畸变对于短波长的声子散射较为强烈；当晶粒尺寸下降到一定尺度时，晶界散射则对于波长较长的声子散射较

强，两者共同作用使热导率明显下降。虽然纳米材料的热导率较低，但是由于其高温结构稳定性较差，易发生晶粒长大，目前在热障涂层中还很难得到应用。

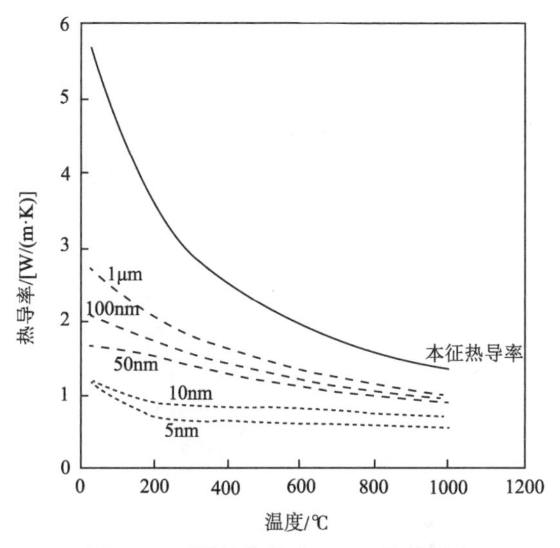

图 1.4 不同晶粒尺寸 7YSZ 的热导率

1.2.4 极限热导率

热障涂层材料往往在 1000℃以上的高温下使用，声子间散射剧烈，点缺陷、晶界等散射过程对热导率的影响较小，此时热导率规律和室温与中低温下不同，主要取决于材料本身的性质。以下介绍三种模型来描述声子散射达到极限时的固体热导率。

1. Clarke 模型

从图 1.3 中可以看到，热导率在高温下几乎随温度不变，达到极限值。这是由于在高温下声子间散射加剧导致声子平均自由程接近原子间距，同时比热容到达高温极限。其中，原子间距可以用原子平均体积的立方根来近似，声子平均速度则由式(1-4)得到，比热容则由杜隆-珀蒂定律给出，据此 Clarke[37]提出了极限热导率公式：

$$k_{\min} = 0.87k_{\mathrm{B}}N_{\mathrm{A}}^{2/3}\frac{m^{2/3}\rho^{1/6}E^{1/2}}{M^{2/3}} = 0.87k_{\mathrm{B}}\Omega^{-2/3}(E/\rho)^{1/2} \tag{1-14}$$

其中，k_{B} 为玻尔兹曼常量；N_{A} 为阿伏伽德罗常量；m 为晶胞中原子数；ρ 为密

度；E 为弹性模量；M 为晶胞相对原子质量；Ω 为原子平均体积，可以表示为

$$\Omega=\frac{M}{m\rho N_{\mathrm{A}}} \tag{1-15}$$

在图 1.5 中，以 E/ρ 为横坐标，$k_{\min}$ 为纵坐标，在相同原子平均体积 Ω 下，两者几乎呈线性关系，与式(1-14)的结果基本相符。

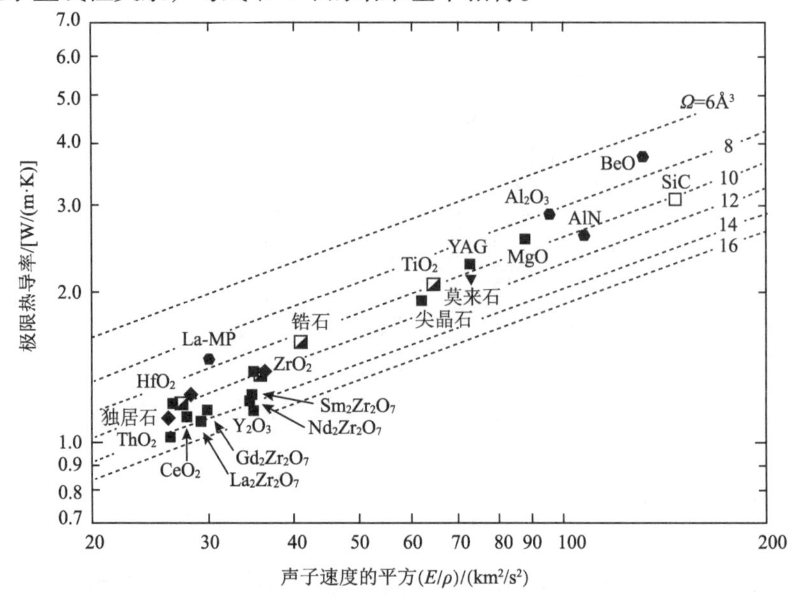

图 1.5　极限热导率和声子速度平方的关系(图中的虚线表示原子平均体积相同)

Clarke 模型对研究固体极限热导率具有一定的指导意义，它指出了极限热导率的影响因素主要是原子平均体积以及 E/ρ(即声子速度的平方)。

2. 爱因斯坦模型

在 Clarke 模型中考虑的是固体在高温下的极限热导率，而实际上在低温下缺陷散射或其他散射过程增强也可能使声子平均自由程达到原子间距，同样使热导率逼近极限值，该极限值称为非晶态极限，即固体在完全无序的非晶态下的热导率。

在爱因斯坦模型中，每个原子都被视为具有相同频率的谐振子，在其热导理论中，每个原子的振动都与其近邻、次近邻以及第三近邻的原子耦合，在大约 1/2 个振动周期内，能量从一个谐振子扩散到另外一个谐振子中，而热导率则是由能量在近邻原子间的随机行走来实现的，其表达式为[42]

$$k_{\mathrm{E}}=\frac{k_{\mathrm{B}}^{2}n^{1/3}}{\pi\hbar}\theta_{\mathrm{E}}\frac{x^{2}\mathrm{e}^{x}}{(\mathrm{e}^{x}-1)^{2}} \tag{1-16}$$

其中，n 为单位体积内的原子数目；θ_{E} 为爱因斯坦温度；$x=\theta_{\mathrm{E}}/T$。爱因斯坦原意是用该模型来描述晶体材料的热导率，但却发现和实验值不符，主要是因为忽略了晶体材料中原子振动的连贯性，即晶格波。但后来发现爱因斯坦模型计算结果在 100K 以上和非晶态材料的热导率十分吻合，原因就是爱因斯坦模型的物理背景符合非晶态固体热传导特征。爱因斯坦模型存在的一个问题就是爱因斯坦温度的不确定性。

3. Cahill 模型

为了解决爱因斯坦模型中参数不确定性问题，Cahill 等[43]借用德拜的晶格振动理论，认为最小的振动单元不是单个原子，而是尺寸为 1/2 波长的振动单元，和爱因斯坦模型相同，每个振动单元的寿命被假设为 1/2 个振动周期，热导率则是通过能量在局域化的振动单元中随机行走实现的，表达式为

$$\lambda_{\min}=\left(\frac{\pi}{6}\right)^{1/3}k_{\mathrm{B}}n^{2/3}\sum_{i}v_{i}\left(\frac{T}{\theta_{i}}\right)^{2}\int_{0}^{\theta_{i}/T}\frac{x^{3}\mathrm{e}^{x}}{(\mathrm{e}^{x}-1)}\mathrm{d}x \tag{1-17}$$

其中，求和是对三种声子模式(两支横波和一支纵波)求和；v_i 为不同模式的声子速度；θ_i 为不同模式的德拜温度[44]：

$$\theta_{i}=v_{i}(h/k_{\mathrm{B}})(6\pi^{2}n)^{1/3} \tag{1-18}$$

其中，n 为单位体积内原子数密度。

式(1-17)推导出了不同温度下固体的热导率极限值，其结果很好地反映了非晶体以及混乱度较高的晶体材料的热导率。

在高温极限下，式(1-17)可以简化为

$$k_{\min}=\frac{k_{\mathrm{B}}}{2.48}n^{2/3}(2v_{s}+v_{p}) \tag{1-19}$$

其中，v_s 和 v_p 分别为横波和纵波声速。该模型的结果和 Clarke 模型结果基本一致。

1.2.5 低热导率材料的结构特征

根据以上热导率理论研究可以知道，任何一种晶体材料都存在极限热导率，而实际的热导率则取决于材料中各种声子散射过程的强度使该材料接近热导率极限值的程度。因此获取低热导率材料可以从以下思路出发。

首先是选取极限热导率较低的材料。根据式(1-14)和式(1-19)可知，选取原则是原子平均体积较大而声子速度较低。其次是增强材料中各种声子散射过程，使热导率接近或达到极限热导率。对于声子间散射，由式(1-9)可知，选择原则是原子质量较大、原子间距较小、德拜温度较低、非谐振参数较大，而晶胞内原子数目较多。对于点缺陷散射，主要使缺陷浓度增加，缺陷散射强度增大，其中点缺陷散射强度则取决于杂质原子和被替代原子在原子质量、原子半径以及原子间作用力之间的差异。对于界面散射，则需要降低晶粒尺寸，但目前在热障涂层中还无法应用。

除了以上理论性的表述，低热导率材料的结构特征还可以从高热导率材料的结构反推而来。金刚石、氧化铍、氮化铝等高热导率材料往往原子质量小，具有高度方向性的共价键，结合键强度高，缺陷浓度低，结构混乱度极小，而且是电绝缘体。据此不难推断出低热导率材料的结构特征为原子质量大，结合键强度弱且方向性较差，缺陷浓度较高，结构混乱。

在实际研究过程中，氧离子空位可以成为寻找低热导率材料的重要线索。首先是 7YSZ，其热导率随着 Y^{3+}离子浓度的增加逐渐降低，这主要与非等价离子掺杂所引起的氧离子空位的外散射相关。其次是稀土锆酸盐，氧离子空位浓度达到每 8 个氧原子中就存在 1 个氧离子空位，而且这些氧离子空位属于结构性缺陷，固定在晶格内，不发生缔合，其热导率更低，其中 $Gd_2Zr_2O_7$ 在 800℃下的热导率为 1.5W/(m·K)。氧离子空位作为一种特殊的点缺陷，其声子散射效果超过了其他类型的点缺陷，因此寻找具有更高浓度且能均匀分散的氧离子空位的晶体结构，有望获得比现有材料更低的热导率。

1.2.6 热导率的测试方法

陶瓷材料的热导率 k 与材料的热扩散系数 α_D、密度 ρ 和比热容 C_p 有关。

密度可以通过阿基米德排水法，以去离子水为介质测得。其过程是将样品清洗烘干后，测得其干重 G_1；然后将样品放入去离子水中，置于真空环境下排出开口气孔，直到饱和；测量饱和样品在水中的湿重 G_2，并将样品取出轻拭掉表面水滴后测得其饱和干重 G_0。这样样品的实际密度 ρ 可表示为

$$\rho = \rho_{水} \cdot \frac{G_1}{G_0 - G_2} \tag{1-20}$$

材料的理论密度 ρ_0 通常根据 XRD 测得的点阵参数、化合物分子质量以及材料晶体结构计算得到。材料的气孔率 ϕ 则可表示为

$$\phi = 1 - \frac{\rho}{\rho_0} \tag{1-21}$$

热扩散系数可以通过激光闪射法测试，其原理如图 1.6(a)所示[45]。测试中，样品在某特定测试温度下保温，由激光系统向样品下表面发射一个激光脉冲，在样品内部形成非平衡的温度梯度，同时利用红外探测器记录样品上表面的温度变化，根据温度变化规律计算该温度下材料的热扩散系数：

$$\alpha_D = 0.1388 \frac{l^2}{t_{0.5}} \tag{1-22}$$

其中，l 为样品的厚度；$t_{0.5}$ 为样品上表面温度(或红外探测器电压)变化到峰值的1/2 时对应的时间。考虑到脉冲、三维热损耗以及热辐射等问题，需要对式(1-22)中计算得到的热扩散系数进行修正。对于一般的陶瓷材料，通常选用 Cape-Lehmann 模型进行修正；而对于在红外波段半透明的材料，可以选用辐射模型进行修正，如图 1.6(b)和(c)所示。这两种修正模型得到的结果之间的差值为红外辐射传热的效果。

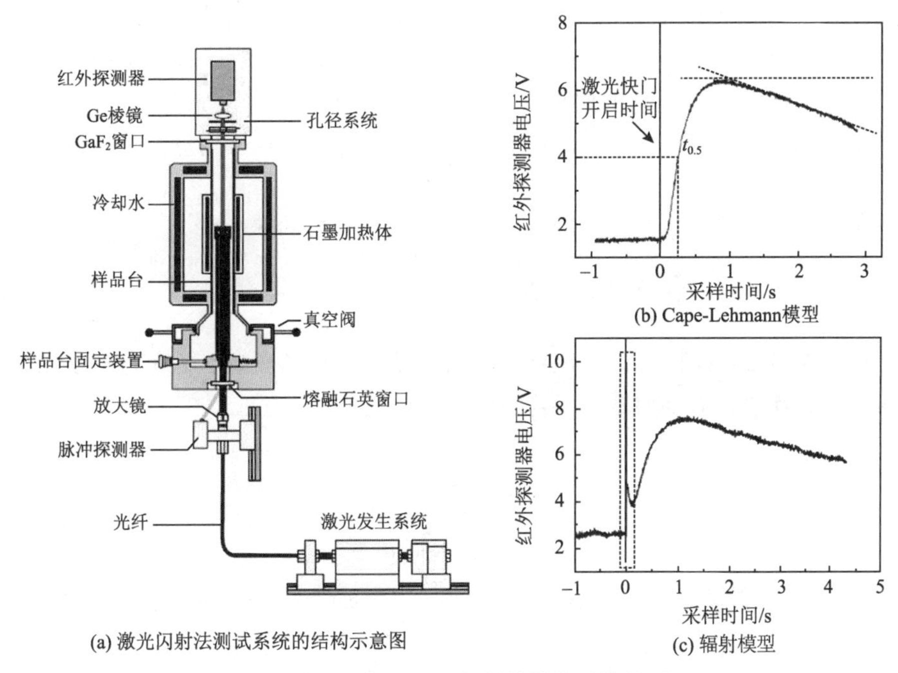

图 1.6 激光闪射法测试材料热扩散系数的原理

本书采用 LFA 427 型激光热导仪(德国 Netzsch 公司)测试材料的热扩散系数，其中测试光源为 Nd：YAG 激光器，波长为 1064nm，脉冲能量为 25J。为了最大限度地吸收和发射能量，在测试前，需要在样品表面制备一层很薄的石墨，然后在氩气气氛中进行测试。测试温度为 25℃、200℃、400℃、600℃、800℃和 1000℃，每个温度重复测试三次，从而减小实验误差。

另外，样品的比热容数据由 Pegasus 404C 型差示扫描量热仪(德国 Netzsch 公司)按照对比法测得，符合 ASTM E1269-5 标准，测量误差小于 2%。测量过程如下：首先测得空白坩埚的差示扫描量热(differential scanning calorimetry, DSC)曲线，然后以此作为基线测量已知比热容数据的稳定标样(蓝宝石)和待测样品的 DSC 曲线，则样品的比热容 $C_{p(样品)}$为

$$C_{p(样品)} = C_{p(标样)} \cdot \frac{\left(\mathrm{DSC}_{样品} - \mathrm{DSC}_{基线}\right)}{\left(\mathrm{DSC}_{标样} - \mathrm{DSC}_{基线}\right)} \cdot \frac{m_{标样}}{m_{样品}} \tag{1-23}$$

其中，$\mathrm{DSC}_{基线}$、$\mathrm{DSC}_{标样}$、$\mathrm{DSC}_{样品}$分别为相同温度下基线、标样及样品 DSC 曲线上的对应数值；$m_{样品}$、$m_{标样}$为样品及标样质量；$C_{p(标样)}$为标样参考比热容数据。

本书使用铂金坩埚在氩气气氛下测定样品室温至 1100℃的比热容。所用样品直径约为 5.5mm，厚度约为 1mm。

本书中除采用 DSC 测量比热容外，还利用纽曼-柯普定律来计算材料的比热容[46]。其方法是将化合物所有组成氧化物的比热容按化学计量比相加后除以总分子质量，各组成氧化物的比热容可由热力学手册查到[47]。通过不同材料 DSC 测量结果与计算结果比较，按该方法计算得到的比热容与测量值误差在 3%以内，精确度较高。

在得到热扩散系数和比热容之后，可以计算材料的热导率 k：

$$k = \alpha_D \cdot \rho \cdot C_p \tag{1-24}$$

根据式(1-24)计算得到的热导率包含样品中气孔的影响。为了进一步得到材料的本征热导率，需要对式(1-24)的结果进行气孔率修正：

$$k_0 = \frac{k}{1 - \frac{3}{2}\phi} \tag{1-25}$$

其中，k_0 为完全致密材料的本征热导率[48]。下面讨论的材料热导率通常指经过气孔率修正的本征热导率。

参 考 文 献

[1] Padture N P, Gell M, Jordan E H. Materials science-Thermal barrier coatings for gas-turbine

engine applications[J]. Science, 2002, 296(5566): 280-284.
[2] Schulz U, Leyens C, Fritscher K, et al. Some recent trends in research and technology of advanced thermal barrier coatings[J]. Aerospace Science and Technology, 2003, 7(1): 73-80.
[3] 刘家富. 燃气涡轮发动机制造技术的发展[J]. 先进制造与材料应用技术, 1998, 19(4): 7-10.
[4] Evans A G, Mumm D R, Hutchinson J W, et al. Mechanisms controlling the durability of thermal barrier coatings[J]. Progress in Materials Science, 2001, 46(5): 505-553.
[5] Caron P, Khan T. Evolution of Ni-based superalloys for single crystal gas turbine blade applications[J]. Aerospace Science and Technology, 1999, 3(8): 513-523.
[6] Leyens C, Schulz U, Fritscher K, et al. Contemporary materials issues for advanced EB-PVD thermal barrier coating systems[J]. Zeitschrift für Metallkunde, 2001, 92(1): 762-772.
[7] Kaysser W A, Bartsch M, Krell T, et al. Ceramic thermal barriers for demanding turbine applications[J]. Ceram Forum Internationl, 2000, 77(2): 32-36.
[8] Turcer L R, Padture N P. Towards multifunctional thermal environmental barrier coatings (TEBCs) based on rare-earth pyrosilicate solid-solution ceramics[J]. Scripta Materialia, 2018, 154: 111-117.
[9] Clarke D R, Phillpot S R. Thermal barrier coating materials[J]. Materials Today, 2005, 8(6): 22-29.
[10] Schelling P K, Phillpot S R, Grimes R W. Optimum pyrochlore compositions for low thermal conductivity[J]. Philosophical Magazine Letters, 2004, 84(2): 127-137.
[11] Siebert B, Funke C, Vassen R, et al. Changes in porosity and Young's modulus due to sintering of plasma sprayed thermal barrier coatings[J]. Journal of Materials Processing Technology, 1999, 93(30): 217-223.
[12] Dahotre N B, Sudarshan T S. Intermetallic and Ceramic Coatings[M]. New York: Marcel Dekker, 1999.
[13] 尹衍生. 氧化锆陶瓷及其复合材料[M]. 北京: 化学工业出版社, 2004.
[14] Vassen R, Cao X Q, Tietz F, et al. Zirconates as new materials for thermal barrier coatings[J]. Journal of the American Ceramic Society, 2000, 83(8): 2023-2028.
[15] Rahaman M N, Gross J R, Dutton R E, et al. Phase stability, sintering, and thermal conductivity of plasma-sprayed ZrO_2-Gd_2O_3 compositions for potential thermal barrier coating applications[J]. Acta Materialia, 2006, 54(6): 1615-1621.
[16] Rebollo N R, Fabrichnay O, Levi C G. Phase stability of Y+Gd co-doped zirconia[J]. Zeitschrift für Metallkunde, 2003, 94(3): 163-170.
[17] Raghavan S, Wang H, Porter W D, et al. Thermal properties of zirconia co-doped with trivalent and pentavalent oxides[J]. Acta Materialia, 2001, 49(1): 169-179.
[18] Zhu D M, Nesbitt J A, Barrett C A, et al. Furnace cyclic oxidation behavior of multicomponent low conductivity thermal barrier coatings[J]. Journal of Thermal Spray Technology, 2004, 13(1): 84-92.
[19] Lehmann H, Pitzer D, Pracht G, et al. Thermal conductivity and thermal expansion coefficients of the lanthanum rare-earth-element zirconate system[J]. Journal of the American Ceramic Society, 2003, 86(8): 1338-1344.

[20] Wu J, Wei X Z, Padture N P, et al. Low-thermal-conductivity rare-earth zirconates for potential thermal-barrier-coating applications[J]. Journal of the American Ceramic Society, 2002, 85(12): 3031-3035.
[21] Wu J, Padture N P, Klemens P G, et al. Thermal conductivity of ceramics in the ZrO_2-$GdO_{1.5}$ system[J]. Journal of Materials Research, 2002, 17(12): 3193-3200.
[22] Xu Q, Pan W, Wang J D, et al. Rare-earth zirconate ceramics with fluorite structure for thermal barrier coatings[J]. Journal of the American Ceramic Society, 2006, 89(1): 340-342.
[23] Cao X Q, Vassen R, Fischer W, et al. Lanthanum-cerium oxide as a thermal barrier-coating material for high-temperature applications[J]. Advanced Materials, 2003, 15(17): 1438-1442.
[24] Ma W, Gong S K, Xu H B, et al. On improving the phase stability and thermal expansion coefficients of lanthanum cerium oxide solid solutions[J]. Scripta Materialia, 2006, 54(8): 1505-1508.
[25] Cao X Q, Vassen R, Tietz F, et al. New double-ceramic-layer thermal barrier coatings based on zirconia-rare earth composite oxides[J]. Journal of the European Ceramic Society, 2006, 26(3): 247-251.
[26] Dai H, Zhong X H, Li J Y, et al. Neodymium-cerium oxide as new thermal barrier coating material[J]. Surface and Coatings Technology, 2006, 201(6): 2527-2533.
[27] Wan C L, Pan W, Qu Z X, et al. Thermophysical properties of samarium-cerium oxide for thermal barrier coatings application[J]. Key Engineering Materials, 2007, 336: 1773-1775.
[28] Ni Y X, Hughes J M, Mariano A N. Crystal-chemistry of the monazite and xenotime structures[J]. American Mineralogist, 1995, 80(1-2): 21-26.
[29] Winter M R, Clarke D R. Oxide materials with low thermal conductivity[J]. Journal of the American Ceramic Society, 2007, 90(2): 533-540.
[30] Cao X Q, Vassen R, Stoever D. Ceramic materials for thermal barrier coatings[J]. Journal of the European Ceramic Society, 2004, 24(1): 1-10.
[31] Friedrich C, Gadow R, Schirmer T. Lanthanum hexaaluminate - A new material for atmospheric plasma spraying of advanced thermal barrier coatings[J]. Journal of Thermal Spray Technology, 2001, 10(4): 592-598.
[32] Padture N P, Klemens P G. Low thermal conductivity in garnets[J]. Journal of the American Ceramic Society, 1997, 80(4): 1018-1020.
[33] Breval E, Mckinstry H A, Agrawal D K. New [NZP] materials for protection coatings. Tailoring of thermal expansion[J]. Journal of Materials Science, 2000, 35(13): 3359-3364.
[34] Chen H, Ding C X. Nanostructured zirconia coating prepared by atmospheric plasma spraying[J]. Surface and Coatings Technology, 2002, 150(1): 31-36.
[35] Berman R. Thermal Conduction in Solids[M]. Oxford: Clarendon Press, 1976.
[36] 黄昆. 固体物理学[M]. 北京: 高等教育出版社, 1988.
[37] Clarke D R. Materials selection guidelines for low thermal conductivity thermal barrier coatings[J]. Surface and Coatings Technology, 2003, 163-164(30): 67-74.
[38] Dugdale J S, MacDonald D K C. Lattice thermal conductivity[J]. Physical Review, 1955, 98(6): 1751-1752.

[39] Grimvall G. Thermophysical Properties of Materials[M]. Amsterdam: Elsevier, 1998.
[40] Lawson A W. On the high temperature heat conductivity of insulators[J]. Journal of Physics and Chemistry of Solids, 1957, 3(12): 155-156.
[41] Klemens P G, Gell M. Thermal conductivity of thermal barrier coatings[J]. Materials Science and Engineering: A, 1998, 245(2): 143-149.
[42] Bodzenta J. Influence of order-disorder transition on thermal conductivity of solids[J]. Chaos, Solitons & Fractals, 1999, 10(12): 2087-2098.
[43] Cahill D G, Watson S K, Pohl R O. Lower limit to the thermal conductivity of disordered crystals[J]. Physical Review B, 1992, 46(10): 6131.
[44] Kittle C. Introduction to Solid State Physics[M]. New York: Willey, 1996.
[45] Shinzato K, Baba T. A laser flash apparatus for thermal diffusivity and specific heat capacity measurements[J]. Journal of Thermal Analysis and Calorimetry, 2001, 64(1): 413-422.
[46] Leitner J, Chuchvalec P, Sedmidubsky D, et al. Estimation of heat capacities of solid mixed oxides[J]. Thermochimica Acta, 2003, 395(1-2): 27-46.
[47] Barin I. Thermochemical Data of Pure Substances[M]. Weinheim: VCH, 1993.
[48] Schlichting K W, Padture N P, Klemens P G. Thermal conductivity of dense and porous yttria-stabilized zirconia[J]. Journal of Materials Science, 2001, 36(12): 3003-3010.

第 2 章　离子空位型低热导率陶瓷材料的结构与性能

2.1　阴离子空位型化合物

2.1.1　YSZ

1. 晶体结构

现役的热障涂层材料为 8YSZ，这也是目前比较成熟的在燃气轮机工作的苛刻环境中长时间稳定服役的热障涂层材料[1]。常温下 ZrO_2 为单斜(m)相，在 1200℃时会转变为四方(t)相，在 2370℃时会进一步转变为立方(c)相。通过在 ZrO_2 中引入 Y_2O_3 形成固溶体，可以将 ZrO_2 的高温相稳定到室温，图 2.1 为 ZrO_2-Y_2O_3 二元相图以及这三种晶格结构的示意图[2]。根据相图，8YSZ 的热力

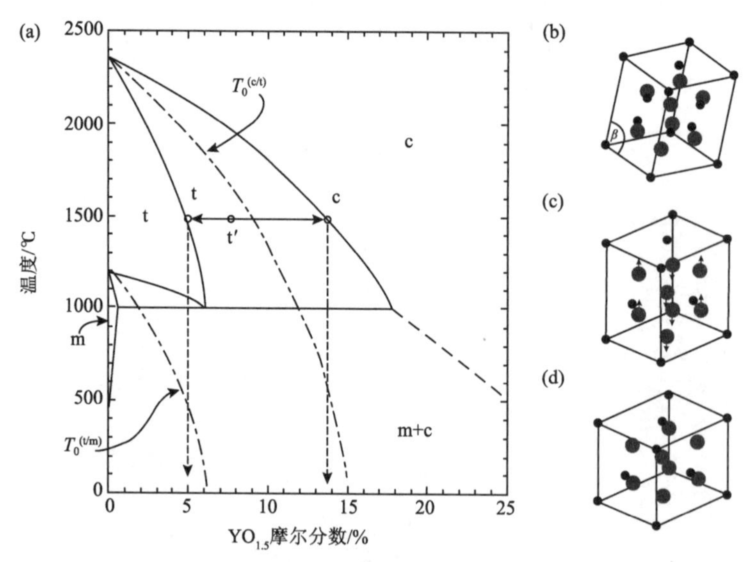

图 2.1　ZrO_2-Y_2O_3 二元相图(a)，以及单斜相(b)、四方相(c)和立方相(d)的 YSZ 晶格结构的示意图

学平衡状态应为四方相和立方相的混合，然而通过 APS 或 EB-PVD 等方法制备的 8YSZ 热障涂层具有热力学非平衡的亚稳四方(t′)相[3]，是一种介于四方相和立方相之间的过渡结构[4, 5]。亚稳四方相仍然属于四方晶系，但四方度(tetragonality)，即晶格 c 轴长度与 a 轴长度之间的比值(c/a)比四方相小，晶格内部氧的占位也略有不同。亚稳四方相和单斜相之间不能发生非扩散的马氏体相变，因此也有人将亚稳四方相称为非相变四方相(nontransformable t phase)[6]。

2. 热导率

图 2.2 为摩尔分数为 3%的 YSZ 致密块体的热导率随温度变化曲线。室温到 1000℃下，YSZ 的热导率为 2.5～3.2W/(m·K)。此外，热导率随温度变化满足 k 正比于 $1/T$ 的变化规律。相比于纯 ZrO_2 的热导率，YSZ 具有较低的热导率，原因在于 Y^{3+}取代 Zr^{4+}，为了保持电荷平衡，ZrO_2 晶格中将会产生一部分氧离子空位，氧离子空位以缺陷的形式存在，对声子传播产生额外的散射作用，降低声子平均自由程，从而降低材料的本征热导率。

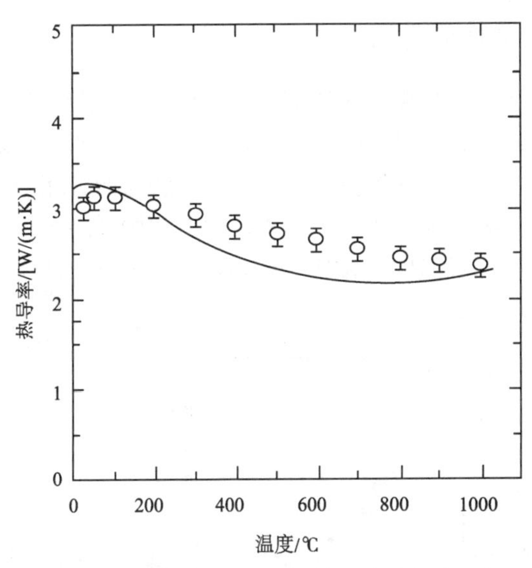

图 2.2　摩尔分数为 3%的 YSZ 致密块体的热导率随温度变化曲线[7]

3. 热膨胀系数

图 2.3 为不同摩尔分数 YSZ 的热膨胀系数随温度变化曲线。在测试温度范围内，YSZ 具有良好的高温相稳定性。此外，不同摩尔分数 YSZ 的高温热膨胀系数为 9×10^{-6}～$11\times10^{-6}K^{-1}$，热膨胀系数相对较高。其原因在于氧离子空位浓度随 Y_2O_3 含量的增加逐渐降低。

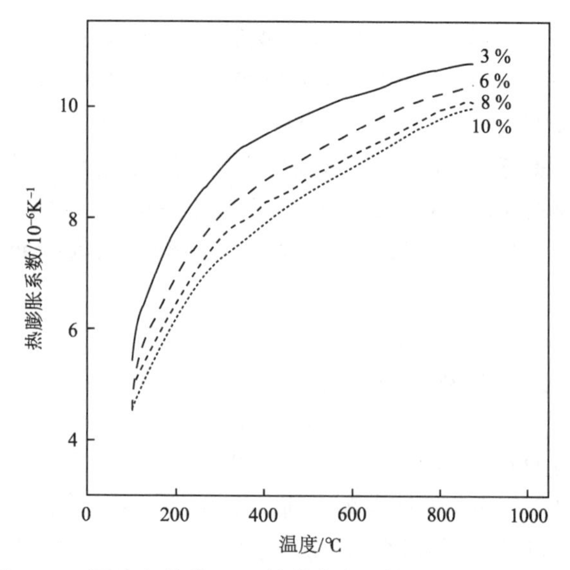

图 2.3　不同摩尔分数 YSZ 的热膨胀系数随温度变化曲线[8]

4. 高温相变及性能时效

根据 72.5°～75.5°高角度 XRD 谱图，分峰后可以计算出样品的相含量。图 2.4 为 8YSZ 陶瓷的亚稳四方相、四方相和立方相体积分数随热处理时间的变化，样品由初始的纯亚稳四方相在高温下逐渐分解为四方相与立方相混合，与相变动力学研究中的变化曲线类似，微小的差别由初始样品的织构度不同决定。热处理温度高于单斜相生成温度，XRD 与拉曼结果均证明热处理过程无单斜相生成，在此不做讨论。

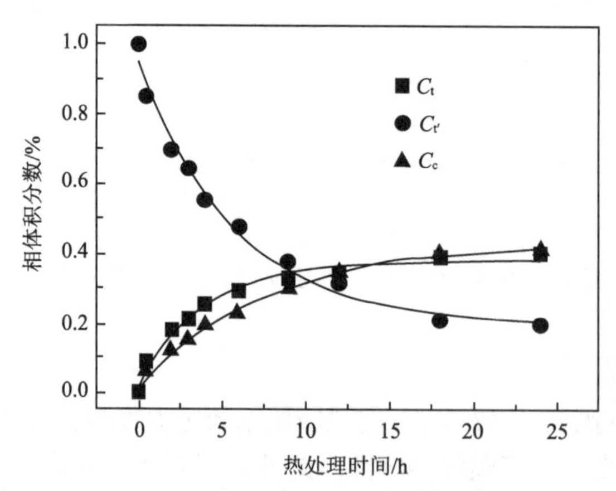

图 2.4　用于力学性能测试的 8YSZ 陶瓷相组成随热处理时间变化曲线

在热障涂层的使用条件下，相变动力学决定了其老化程度和服役时间与温度均相关。复杂的工作条件和不均匀的温度场分布使叶片表面不同位置涂层的相变老化速度不尽相同[9]，这使得老化程度的评估更加复杂。如果以热处理时间为自变量研究材料的各种性能，温度必须维持恒定，研究结果将难以表征涂层老化的实时水平或者难以与其他研究对比。因此，归一化相变过程中的温度和时间因素，Lipkin 等[10]采用这一方法可以在很宽的温度和时间范围内表征材料的相变过程。本章强调力学性能与亚稳四方相含量的关系，因此，后面给出的力学性能全部基于相含量而非热处理时间来讨论(需要说明的是，后面的力学性能并未给出初始亚稳四方相陶瓷的数据，这是由于其未经热处理过程快速降温，材料中的残余热应力状态不同，影响后续力学性能的讨论)。

图 2.5 为 8YSZ 陶瓷抛光热蚀后的扫描电子显微镜(scanning electron microscope，SEM)照片。样品的晶界清晰可见，初始样品平均晶粒尺寸为 2μm 左右。然而，随着热处理时间的延长，纳米级的小晶粒缓慢出现在部分原有晶粒的内部，而另一部分晶粒形貌保持不变，从而形成了一种微米/纳米二级混合结构。根据 ZrO_2-Y_2O_3 体系平衡与非平衡相图[11, 12]，亚稳四方相、四方相和立方

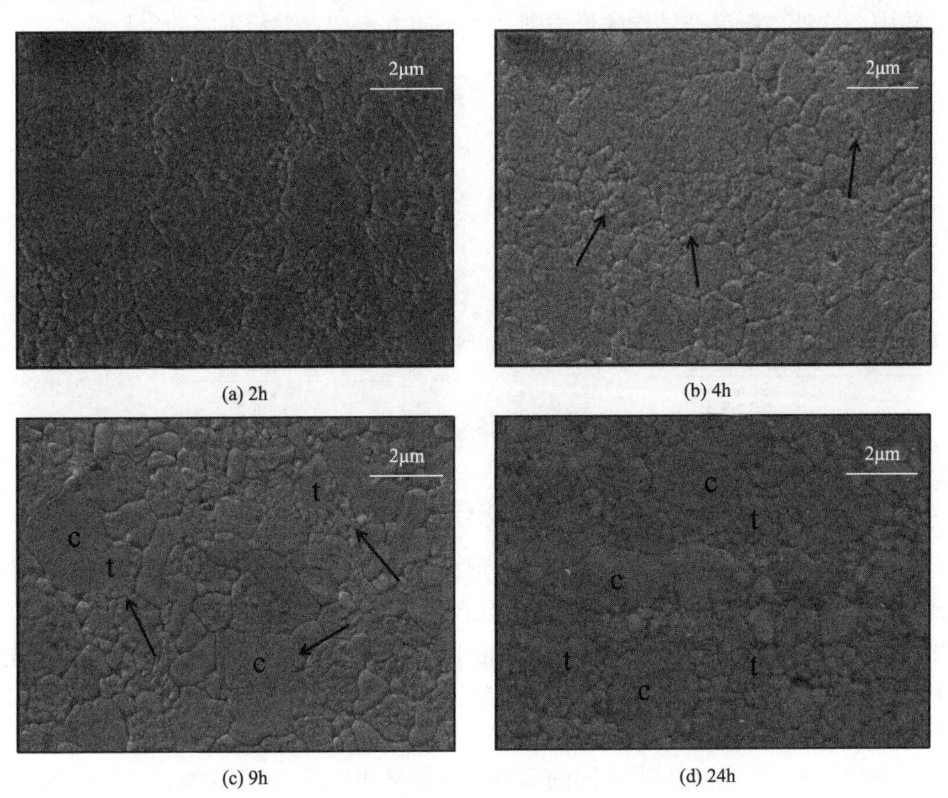

(a) 2h　(b) 4h　(c) 9h　(d) 24h

图 2.5　8YSZ 陶瓷的显微形貌随相变热处理的演化

相具有不同的 Y^{3+}掺杂浓度，但区分度较小，能量色散 X 射线谱(X-ray energy dispersive spectrum，EDS)无法满足要求，因此使用电子探针来区分混合结构中的三种相。图 2.6 为热处理前后 8YSZ 陶瓷中 Zr、Y 和 O 三种元素的面分布结果。可以看出，初始样品具有均匀的元素分布，且晶粒尺寸均为 2～3μm，在三个位置进行元素定量分析[图 2.6(a)]，结果表明，其成分为非平衡相图中的亚稳四方相，然而，相变发生以后，Y 元素的分布发生了显著变化。在图 2.6(b)中，较小晶粒中的 Y 元素浓度要明显低于周围较大晶粒的 Y 元素浓度，这种结果暗示着发生了 Y 元素浓度的歧化反应，即产生了四方相和立方相，元素定量分析结果也证明了贫 Y 小晶粒为四方相，富 Y 大晶粒为立方相。

相变过程中显微结构的变化会受到初始化学元素分布、晶粒尺寸分布和制备过程等多种因素影响，从而具有不同的演化模式[13]。亚稳四方相的分解过程具有调幅分解(spinodal decomposition)和经典形核长大的双重特征，科学界目前对于该相变反应的具体机制仍存在争议[14]。Krogstad 等[13]曾系统研究了 APS 方法制备的 YSZ 热障涂层在相变过程中的形貌变化，提出了竞争生长机制。本实验中，这种二级混合结构的形成则来源于四方相和立方相不同的生长模式。

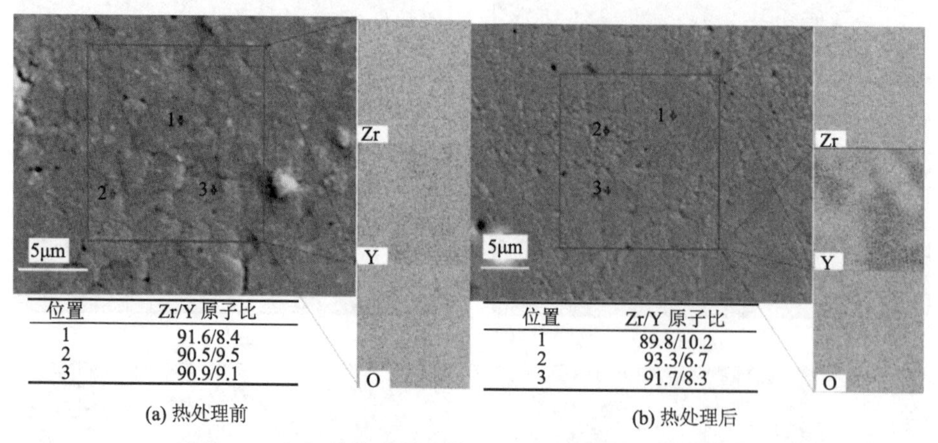

位置	Zr/Y 原子比
1	91.6/8.4
2	90.5/9.5
3	90.9/9.1

(a) 热处理前

位置	Zr/Y 原子比
1	89.8/10.2
2	93.3/6.7
3	91.7/8.3

(b) 热处理后

图 2.6　8YSZ 陶瓷热处理前后不同形貌晶粒的元素分布

图 2.7 描述了一种该二级混合结构形成的可能路径。在烧结后的原始样品中具有单相组成和均匀的 Y^{3+}分布[图 2.7(a)]，这可以由 XRD 和图 2.6(a)得到。热处理过程中，相图中四方相成分与亚稳四方相更为接近，因此立方相能够率先形核，然而立方相需要 Y^{3+}通过扩散聚集达到较高浓度时才会形核，如图 2.7(b)所示。这就导致了在图 2.4 中，热处理的初期，四方相体积分数增加的速度要大于立方相。两相在相变初期不同的形核率为最终两相截然不同的晶粒尺寸奠定了基础[图 2.7(c)]。同时，立方相具有高度对称性，在晶体长大过程中可以沿多个等价的(111)密排面生长，不存在生长择优取向的限制。而从 EB-PVD 方法制备

的飞机发动机热障涂层所具有的[001]方向生长的柱状晶结构[15]可以知道，YSZ 四方相或亚稳四方相生长具有择优取向[001]，极大地限制了晶粒的自由生长。因此不同的形核率和有无生长择优取向限制造成了相变末期体系中纳米四方相晶粒和粗大立方相晶粒混合的结构[图 2.7(d)]。

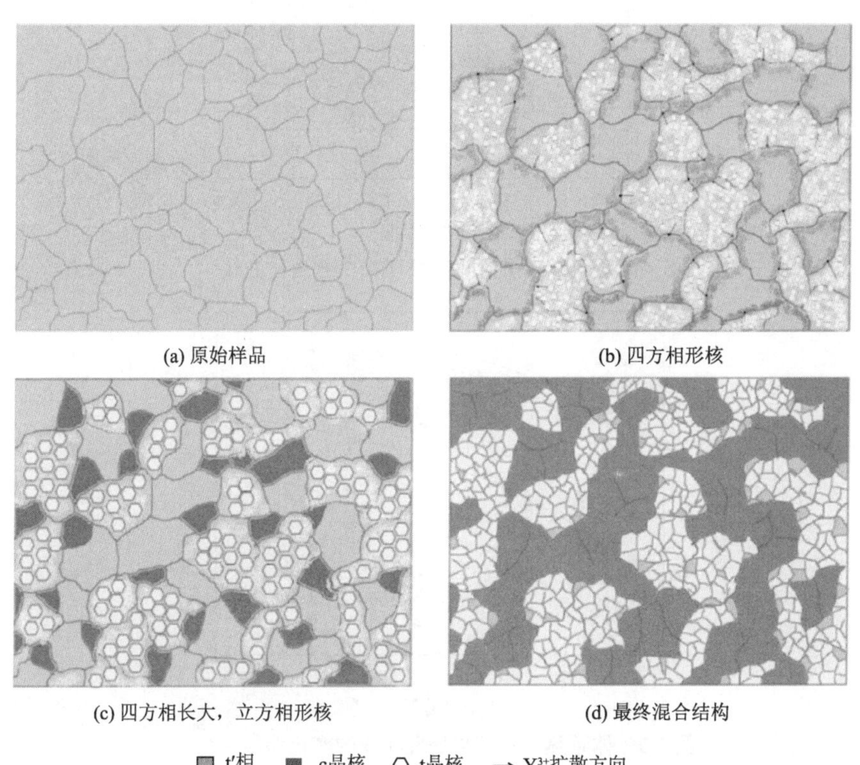

(a) 原始样品　(b) 四方相形核

(c) 四方相长大，立方相形核　(d) 最终混合结构

t′相　c晶核　t晶核　→ Y^{3+}扩散方向

图 2.7　高温热处理相变引发的显微结构重构示意图

相变过程中显微结构演化的另一个重要特征是原始微米级亚稳四方相晶界框架在新相生成过程中并未消失，新生晶粒更多的是在其内部生长，未跨越边界，如图 2.7(c)和(d)所示，这种现象有助于后面关于部分力学性能的讨论。

图 2.8 为体系热扩散系数随热处理相变的变化曲线。室温和高温段热扩散系数由于仪器因素导致误差偏大，中温区间材料热扩散系数随相变缓慢增加。

材料的热导率可以由密度、比热容和热扩散系数计算得到，再进行气孔率修正，可以将热导率结果表示在图 2.9 中。可以看出，材料热导率随温度升高而下降，并伴随高温热处理相变的发生而上升。一般来说，高温热处理过程中可能对热导率产生影响的因素如下：烧结、晶粒生长、界面效应和相变引发的晶体结构变化。

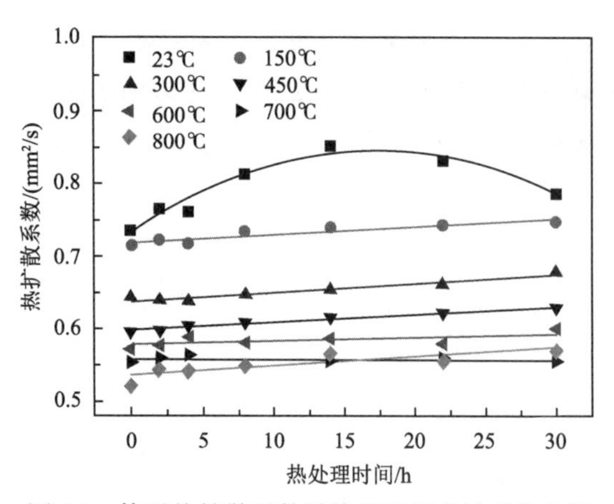

图 2.8　体系热扩散系数随热处理相变的变化曲线

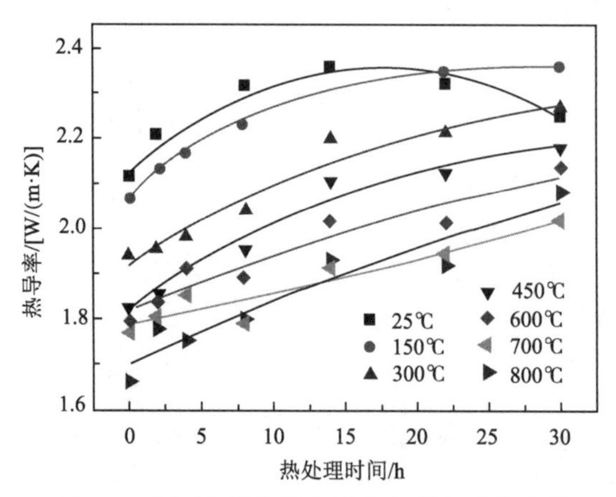

图 2.9　体系热导率随热处理相变的变化曲线

为了分析这一现象，首先需要从材料的微观角度进行分析，绝缘固体材料的热传导主要通过晶格振动来完成，量子化的晶格振动称为声子，热导率的微观表达式见式(1-2)[16]。材料声子速度与晶格的弹性性质相关。将声子平均自由程写为声子平均寿命 τ 和声子平均速度的乘积，则有

$$k=\frac{1}{3}C_V v^2 \tau \tag{2-1}$$

可以认为热扩散系数与声子平均寿命成正比。已知拉曼光谱的半峰宽(full wave at half maximum，FWHM)与声子平均寿命成反比，因此，热导率与拉曼光谱近似有如下关系：

$$k=\frac{1}{3}C_V v^2 \frac{1}{2\pi c(\mathrm{FWHM})} \tag{2-2}$$

图 2.10 为放电等离子烧结(spark plasma sintering，SPS)制备的亚稳四方相陶瓷拉曼光谱随热处理的变化，通过 Origin 分峰后将不同热处理时间下的平均热扩散系数与其拉曼半峰宽乘积绘于图 2.11，发现除 $260cm^{-1}$ 处的 I_2 峰外，其余乘积随相变表现为常数，因而拉曼光谱可以成为间接表征 YSZ 热障涂层热导率随相变变化的手段之一。

图 2.9 中热导率随温度升高也表现出下降的趋势。随温度升高，材料的晶格振动加剧，体系混乱程度提高，声子散射加剧，声子平均寿命下降，因此，热导率随温度的变化与拉曼半峰宽间也应存在某种对应关系。

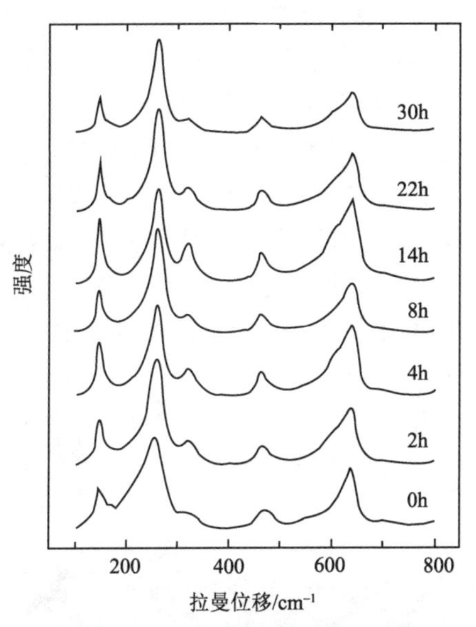

图 2.10　样品体系拉曼光谱随热处理相变的变化曲线

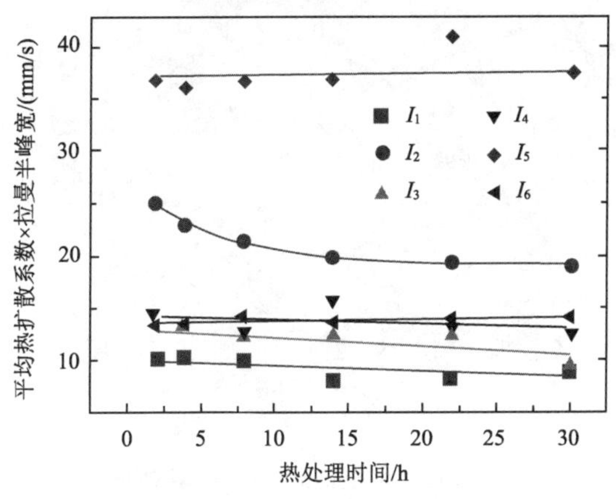

图 2.11　平均热扩散系数与拉曼半峰宽乘积随热处理时间的变化曲线

2.1.2 稀土锆酸盐

1. 晶体结构

焦绿石结构的稀土锆酸盐与 YSZ 相比，稀土离子的浓度增加，质量增大，存在较高浓度的本征氧离子空位，符合低热导率材料选取的多项指标，是潜在的热障涂层材料。此外，它还具有热稳定和抗氧化性优异、熔点高、热导率低、热膨胀系数较高、化学稳定性高等特点[17]。焦绿石结构通用化学表达式为 $A_2B_2O_6O'$。其中，A 位可以容纳低价的离子半径为 0.1087～0.1151nm 的阳离子；而 B 位可以容纳八面体配位的离子半径为 0.1040～0.1078nm 的过渡金属离子[18]。焦绿石结构与缺陷型萤石结构均为面心立方空间点阵，焦绿石结构属于 Fd3m(No. 227)空间群(图 2.12)，而缺陷型萤石结构属于 Fm3m(No. 225)空间群[19]。结构中 A^{3+}占据位置 16d(1/2，1/2，1/2)，B^{4+}处于 16c(0，0，0)位置，O 处于 8b(3/8，3/8，3/8)位置，O′处于 48f(x，1/8，1/8)位置，由于温度等因素的影响，部分稀土锆酸盐材料会发生有序无序转变，即有序的焦绿石结构转变为无序的缺陷型萤石结构，形成稳定焦绿石结构的条件为：$1.46<R(A^{3+})/R(B^{4+})<1.78$(其中 R 为离子半径)，当比值小于 1.46 时，形成缺陷型萤石结构；当比值大于 1.78 时，则形成 $La_2Ti_2O_7$ 型单斜相。在常温常压下，$Gd_2Zr_2O_7$ 会形成焦绿石和萤石两种结构，较 Gd 轻的镧系稀土元素形成焦绿石结构，较 Gd 重的镧系稀土元素形成无序的缺陷型萤石结构。

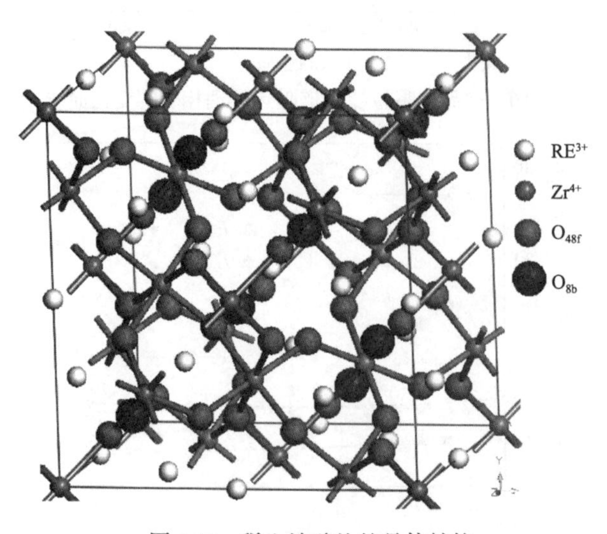

图 2.12　稀土锆酸盐的晶体结构

2. 热导率

在图 2.13 中，计算得到的稀土锆酸盐的热导率与温度成反比。本书总结了稀土锆酸盐不同温度下实验测量的热导率，热导率实验值在低温阶段明显低于计算值，而在高温阶段差别较小。这主要是由于低温下固体的热导率强烈依赖于各种缺陷引起的散射，以及本征空位等引起的强烈非谐效应；而在高温下，原子振动剧烈，缺陷引起的非谐效应对于热导率不再占据主导地位，声子的振动趋向于理想情况，故与计算值吻合较好。Sparks 等[20]和 Wan 等[21]研究认为，声子自由程受无序态和严重的缺陷结构影响，这种效应在高温下虽然不明显，但在低温下却起主要作用，声子自由程和热导率对温度非常敏感。Wan 等[21]报道了缺陷对稀土锆酸盐热导率的影响，这些缺陷包括氧离子空位、原子反占位、无序化等，缺陷形成能较低使得缺陷形成较容易，导致缺陷浓度在体系中较高，所以热导率计算值远高于实验值。上述讨论的结果显示，在低温下影响热导率的主要因素是缺陷引起的声子自由程降低，宏观来看就是热导率的变化对温度并不敏感，相关变化也仅取决于结构中形成缺陷造成声子散射的程度，结果如图 2.13 所示。Sparks 等[20]和 Wan 等[21]的结论与本书一致。根据上述讨论，进一步详细观察图 2.13 发现，低温下 $La_2Zr_2O_7$ 和 $Nd_2Zr_2O_7$ 的热导率计算值与实验值的差别远大于另外两种稀土锆酸盐结构($Sm_2Zr_2O_7$ 和 $Gd_2Zr_2O_7$)。相关原因是 $La_2Zr_2O_7$ 和 $Nd_2Zr_2O_7$ 由于原子半径、电负性等造成与 $Sm_2Zr_2O_7$ 和 $Gd_2Zr_2O_7$ 不同的缺陷浓度。对比发现 1100K 下，稀土锆酸盐的热导率都趋近于 1.5W/(m·K)；在相同温度下，目前广泛使用的 7YSZ 热障涂层材料的热导率却约为 2.5W/(m·K)[22]。从该结果来看，稀土锆酸盐的热导率比 7YSZ 更低，有望作为高温下使用的低热导率陶瓷材料。

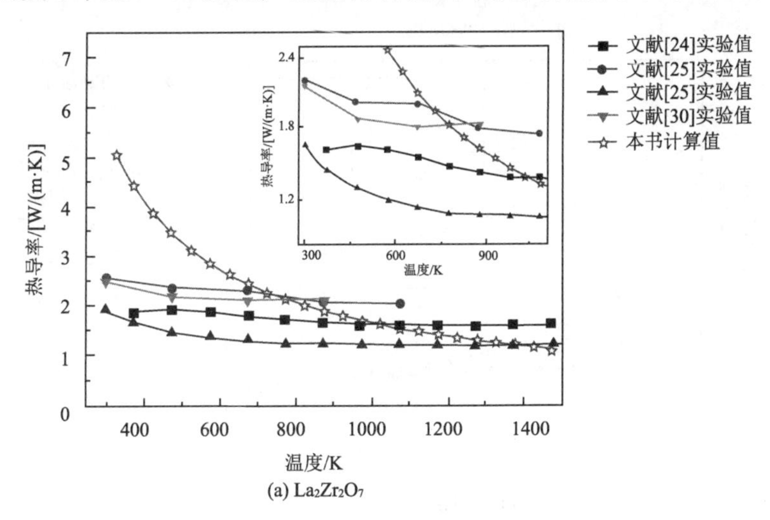

(a) $La_2Zr_2O_7$

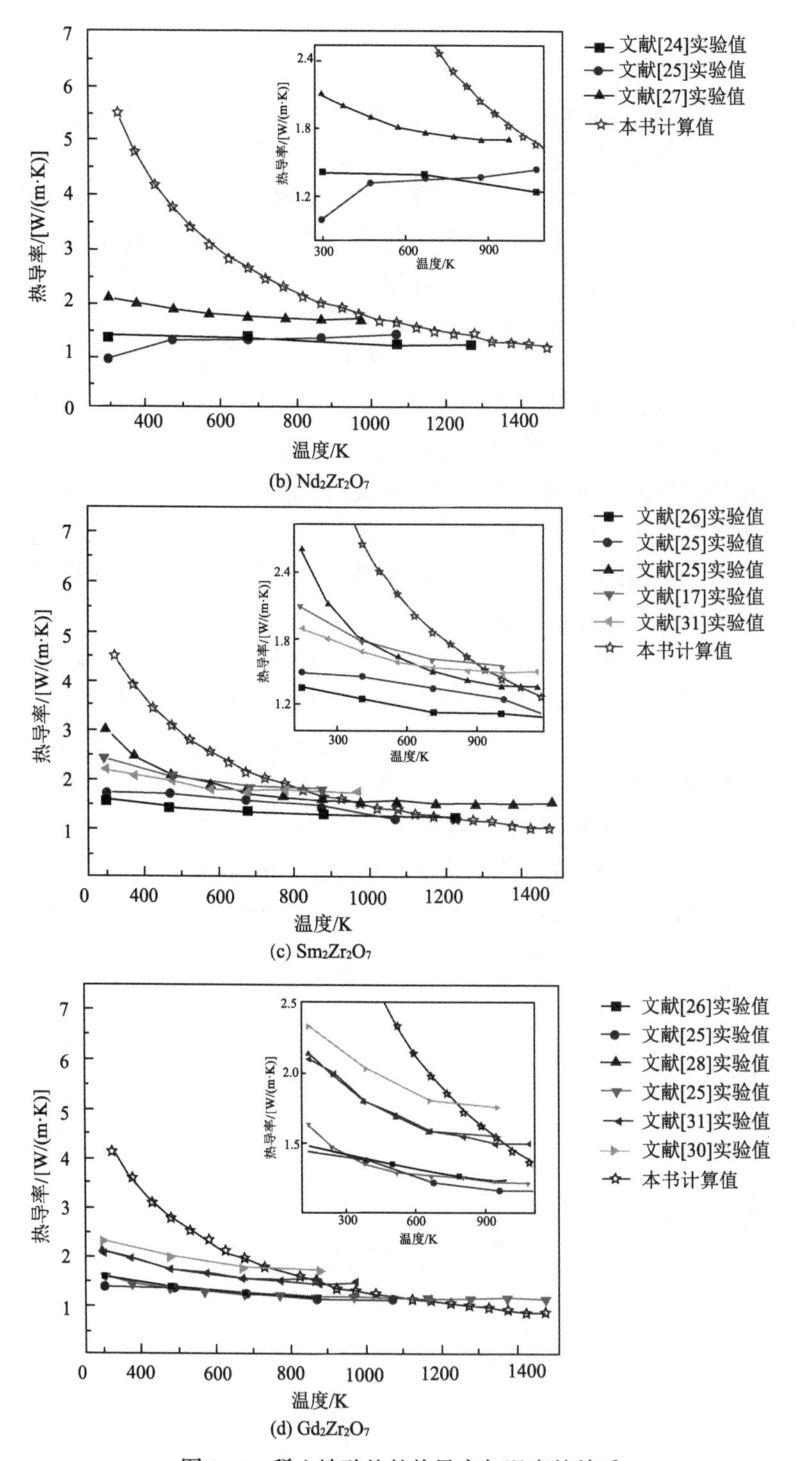

(b) $Nd_2Zr_2O_7$

(c) $Sm_2Zr_2O_7$

(d) $Gd_2Zr_2O_7$

图 2.13　稀土锆酸盐的热导率与温度的关系

3. 热膨胀系数

图 2.14 展示了计算得到的稀土锆酸盐热膨胀系数与温度的关系。通过比较，稀土锆酸盐热膨胀系数的计算值与实验值差别较小。在温度低于德拜温度时，热膨胀系数随温度升高呈指数增加。在低温下，应用德拜准谐近似后，原子间振动效应较弱且不明显；当温度为 100～400K 时，点阵振动开始加剧，声子影响显著。当温度高于德拜温度后，稀土锆酸盐的热膨胀系数随温度升高近似呈线性缓慢增加。Kutty 等[23]用 XRD 测定了 473～1473K 的稀土锆酸盐的热膨胀系数，发现在该阶段，热膨胀系数与温度呈线性关系；Lehmann 等[24]则用热膨胀仪测试了稀土锆酸盐从室温至 1473K 的热膨胀系数，然而，二者的研究都是从较高的温度开始的，如 400K。从这方面来看，似乎热膨胀系数是比热容 C_p 的线性函数。而 Wan 等[25, 26]、徐强[27]、Pan 等[28]、Liu 等[29]、Wang 等[30]则从室温详细测试了稀土锆酸盐的热膨胀系数，其实验值和本书计算值偏差较小，由于计算基于第一性原理，并未应用相关经验参数，故方法的可移植性较好，便于推广到其他材料体系的研究中。

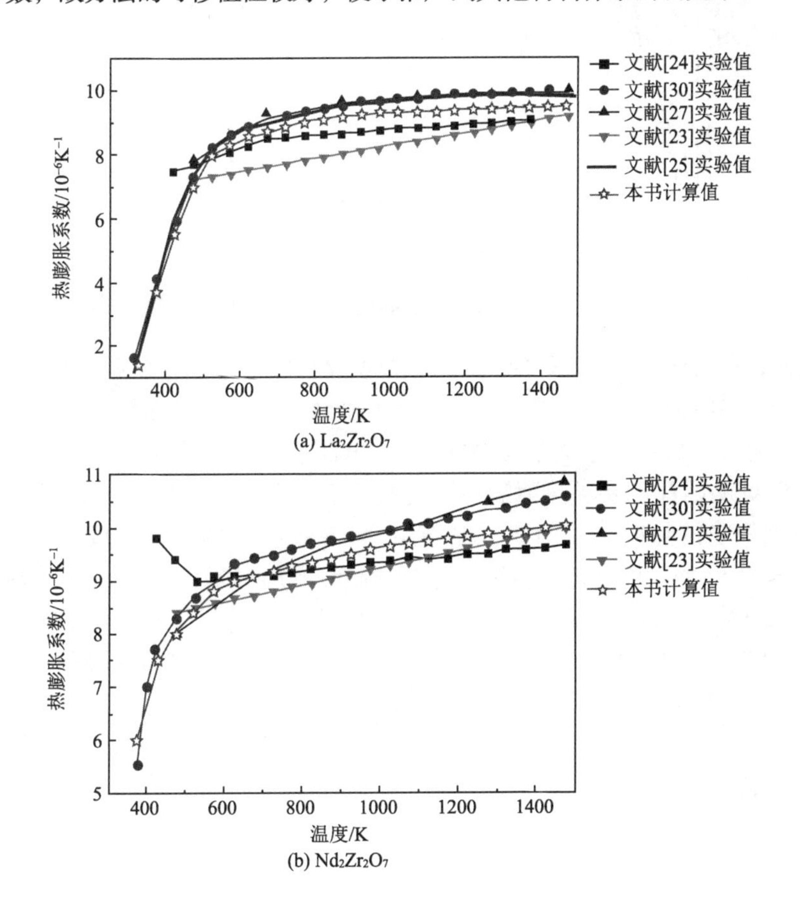

(a) $La_2Zr_2O_7$

(b) $Nd_2Zr_2O_7$

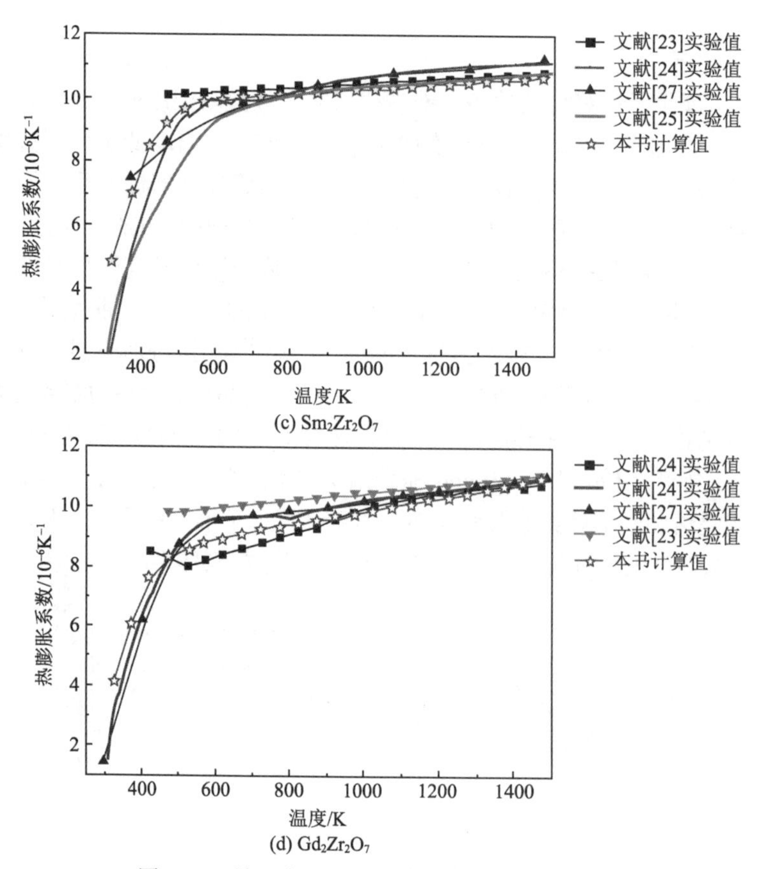

(c) $Sm_2Zr_2O_7$

(d) $Gd_2Zr_2O_7$

图 2.14　稀土锆酸盐的热膨胀系数与温度的关系

然而，本书计算的仅仅是理想晶体，真实材料中含有不同类型的缺陷等，尽管计算值与实验值符合较好，但要建立完整准确地反映材料热膨胀系数的计算方法和模型尚存在较大困难。为了使燃气轮机中的热障涂层与黏结层及基体在不同温度下有较好的匹配，要求热障涂层陶瓷材料有较高的热膨胀系数，以便尽可能减小匹配带来的热应力。例如，黏结层 NiCrAlY 的热膨胀系数为 13×10^{-6}～$17\times10^{-6}K^{-1}$[1]，而陶瓷材料的热膨胀系数一般低于 $10\times10^{-6}K^{-1}$，所以要求热障涂层的热膨胀系数越高越好，常用的热障涂层材料是 7YSZ，在 1273K 下热膨胀系数为 10×10^{-6}～$11\times10^{-6}K^{-1}$[1]，而稀土锆酸盐在高温下的热膨胀系数为 9×10^{-6}～$11\times10^{-6}K^{-1}$，其中最大的是 $Sm_2Zr_2O_7$，其次为 $Gd_2Zr_2O_7$。从这点来看，稀土锆酸盐与 YSZ 有着相近的热膨胀系数，而其热导率又远低于 YSZ，故有望作为新型热障涂层材料。

2.1.3　稀土锡酸盐

1. 焦绿石结构分析

图 2.15 为化学共沉淀法制得的稀土锡酸盐 $RE_2Sn_2O_7$(RE=La，Nd，Sm，Gd，Er，Yb)的 XRD 图谱。

由图 2.15 中超晶格的特征峰(331)和(511)的出现可以判断，稀土锡酸盐均保持焦绿石结构，与之前文献报道一致。由图 2.15 中还可看出各衍射峰的峰位随着稀土相对原子质量的增加而向高角度偏移，这主要与镧系收缩造成的稀土锡酸盐点阵参数的减小有关。此外，在 $Er_2Sn_2O_7$ 样品的 XRD 图谱中出现了极微弱的杂质相的峰，对应于 SnO_2 析出相，将样品在高温下煅烧也未完全去除。为防止 Sn 元素挥发，在样品烧结过程中采用 SnO_2 粉料埋烧工艺，这可能反而使得部分 SnO_2 渗入样品，造成了 Sn 元素的过量，从而产生 SnO_2 析出相。从峰强上看，SnO_2 析出相的含量极少，其最高峰的强度仅为主相 $Er_2Sn_2O_7$ 最高峰强度的 1.5%，基本不会影响样品的热物理性能。

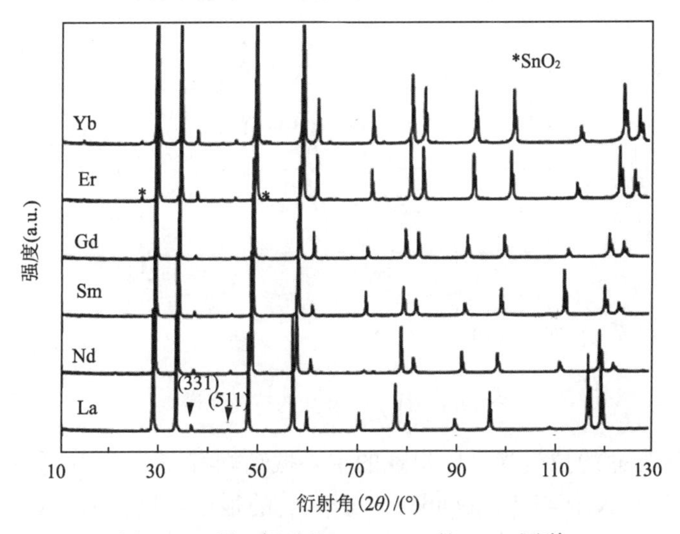

图 2.15　稀土锡酸盐 $RE_2Sn_2O_7$ 的 XRD 图谱

图 2.16 为通过外推法得到的稀土锡酸盐的点阵参数 a 随稀土离子半径的变化曲线。由图 2.16 可以看出，该方法计算的点阵参数与 Kennedy[31]利用 Rietveld 法得到的数据吻合得很好，可见外推法的精确度较高。此外，稀土锡酸盐的点阵参数 a 随稀土离子半径的减小而减小，两者近乎呈线性关系。

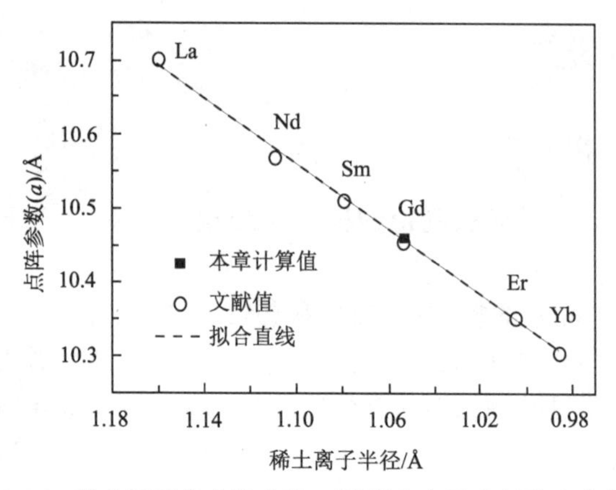

图 2.16　稀土锡酸盐点阵参数 *a* 随稀土离子半径的变化曲线

图 2.17 为稀土锡酸盐的拉曼光谱图。由图 2.17 可以看出，与稀土锆酸盐相比，稀土锡酸盐的拉曼峰分峰明显，半峰宽显著降低，说明稀土锡酸盐的焦绿石结构特征比较明显，结构混乱度比较小。

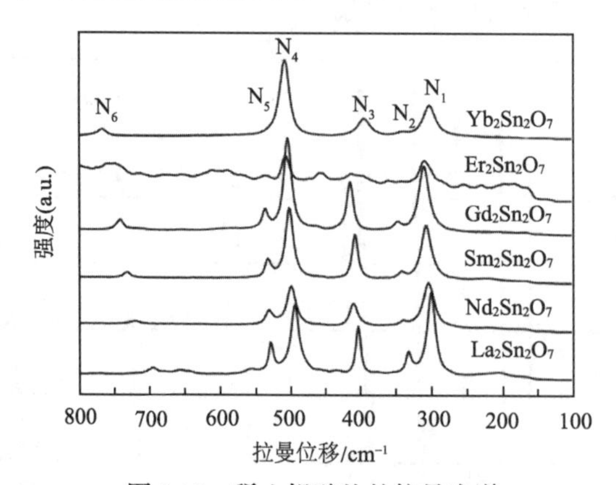

图 2.17　稀土锡酸盐的拉曼光谱

在稀土锡酸盐的拉曼光谱中出现的主要振动峰有 6 个，从低波数到高波数依次定义为 N_1～N_6，与 Vandenborre 等[32, 33]的报道相比，600cm^{-1} 左右的振动峰并未出现，而在 700cm^{-1} 以上出现了一个振动峰 N_6。此外，在 400～500cm^{-1} 处似乎还有一个振动峰，与 $SmO_{1.5}$-ZrO_2 体系拉曼光谱中的 M_5 相对应。$Er_2Sn_2O_7$ 样品的拉曼光谱峰强较弱而且杂峰较多，这可能与样品中 SnO_2 相的存在有关，但可以从中找到 600cm^{-1} 左右和 400～500cm^{-1} 的两个振动峰的踪迹。结合 $SmO_{1.5}$-ZrO_2 体系拉曼光谱的分析，我们认为 N_3 对应于 E_g 振动模式，N_4 对应于 A_{1g} 振动模式，N_1、N_2、N_5 对应于三个 T_{2g} 振动模式；600cm^{-1} 左右和 700cm^{-1} 以上的振动峰可能均不是基本振动模式，而 400～500cm^{-1} 的隐

峰才是第四个 T_{2g} 振动模式。

稀土锡酸盐拉曼光谱中各峰位随成分变化的偏移情况如图 2.18 所示。据文献[32]和[33]报道，稀土锡酸盐拉曼光谱中的各峰位随着稀土离子半径的减小而向高波数方向移动，但由图 2.18 可以看出，实验测得的拉曼光谱并非如此。对于高波数的 N_4、N_5 和 N_6，其峰位是随着稀土离子半径的减小一直向高波数方向移动的；但对于低波数的 N_1、N_2 和 N_3，其峰位随着稀土离子半径的减小先向高波数方向偏移，在 $Gd_2Sn_2O_7$ 处达到最大值，此后向低波数方向移动。这一变化可能与之前 XRD 图谱中发现的 SnO_2 析出相有关，在晶体结构中部分过量 Sn^{4+}进入晶格，使得 RE—O 键强度减弱，造成了其对应峰位向低波数偏移的现象，而 Sn—O 键受这一过程的影响较小，仍随着点阵参数的减小而向高波数偏移。

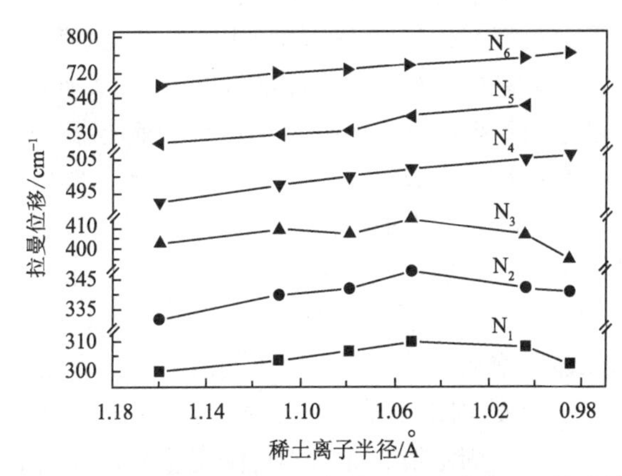

图 2.18　稀土锡酸盐拉曼光谱各峰位随成分变化的偏移情况

此外，由图 2.18 还可以发现，N_1 与 N_4 的相对强度随着稀土离子半径的减小有一个转变。N_1 与 N_4 强度 I 的详细信息如表 2.1 所示。由表 2.1 可以看出，除 $Er_2Sn_2O_7$ 受析出相影响有所异常外，其余化合物 N_1 与 N_4 的相对强度几乎随着稀土离子半径的减小而线性降低。这种现象在 Vandenborre 等[32, 33]的研究中也有发现，通常解释为随着稀土离子半径的减小，48f O 离子的位置参数 x 会逐渐变大，这使得 REO_8 立方体变得更加规整，而 SnO_6 八面体则严重畸变，SnO_6 八面体的畸变造成的原子对称性的微小变化会引起振动键极化率的显著改变，从而使得对应拉曼峰的强度发生明显变化。

表 2.1　稀土锡酸盐拉曼光谱 N_1 与 N_4 强度对比表

化合物	$I(N_1)$	$I(N_4)$	$I(N_1)/I(N_4)$
$La_2Sn_2O_7$	34686.7	27726.8	1.25
$Nd_2Sn_2O_7$	18746.5	16182.3	1.16

续表

化合物	$I(N_1)$	$I(N_4)$	$I(N_1)/I(N_4)$
$Sm_2Sn_2O_7$	22522.8	29616.7	0.76
$Gd_2Sn_2O_7$	27610.6	38351.7	0.72
$Er_2Sn_2O_7$	12198.4	13013.3	0.94
$Yb_2Sn_2O_7$	12786.1	32417.0	0.39

2. 热导率

从表观上来说，热扩散系数代表热量传导的速度，是材料热传导过程中重要的物理量。而从微观角度看，材料的热扩散系数主要取决于声子平均速度和声子平均自由程，通常认为声子平均速度随温度变化不大，因此，材料热扩散系数的变化规律在一定程度上代表了材料声子平均自由程的变化趋势。

稀土锡酸盐的热扩散系数随温度的变化曲线如图 2.19 所示。由图 2.19 可以看出，材料的热扩散系数均随温度上升而减小；对于稀土离子相对原子质量较小的化合物，其热扩散系数近乎与温度的倒数 $1/T$ 成正比，典型曲线如图 2.20 所示。这说明当稀土离子与 Sn^{4+}相对原子质量接近时，材料内的热传导过程主要与声子间散射有关。另外还可以看出，在较低温度下，材料的热扩散系数随着稀土相对原子质量的增大而减小，这是因为随着两种阳离子相对原子质量差别增大，晶格振动的非简谐性增加，从而引起声子间散射进一步加剧；而在高温下，所有成分样品的热扩散系数均趋于某一恒定值，约 $0.6mm^2/s$，说明此时晶体内声子平均自由程也接近某一固定值，此后不再随温度变化。声子平均自由程的变化规律将在后面详细介绍。

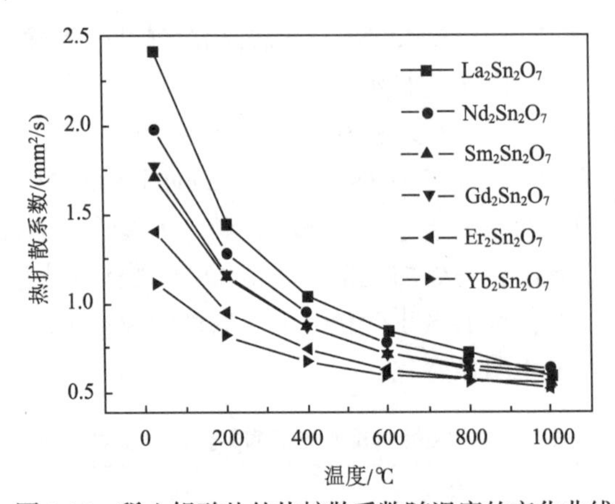

图 2.19 稀土锡酸盐的热扩散系数随温度的变化曲线

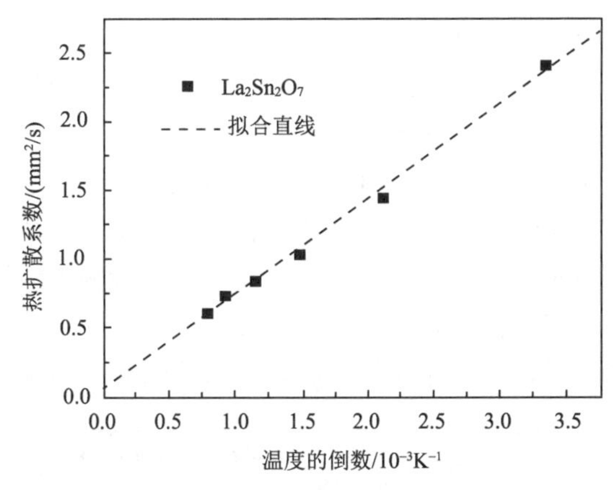

图 2.20　$La_2Sn_2O_7$ 的热扩散系数与温度的倒数 $1/T$ 的变化关系

计算得到的稀土锡酸盐的热导率如图 2.21 和图 2.22 所示。由图 2.21 可以看出，与热扩散系数相似，稀土锡酸盐的热导率随温度升高而迅速下降，在高温下达到一个恒定值。在较低温度下，稀土锡酸盐的热导率随着稀土离子半径的减小而显著降低，这主要是因为根据镧系收缩现象，稀土元素相对原子质量随着原子半径的减小而增大，而所有镧系稀土元素的相对原子质量均大于 Sn 元素(M_{Sn}=118.69，M_{RE}=138.91～174.97)，这使得随着稀土离子半径的减小，材料内两种阳离子相对原子质量差值不断增大，进而造成材料内晶格振动非简谐性的增加，声子间散射加剧，材料的热导率降低。如图 2.22 所示，这种效应随着温度的升高而逐渐弱化。这可以解释为随着温度的升高，晶格振动的振幅增大，两种阳离子相对原子质量的差异造成的结构不对称性逐渐缓解，由不对称性引起的晶格振动的非简谐性减弱，从而使得材料的热导率在高温下基本不随稀土离子半径的变化而有所改变。

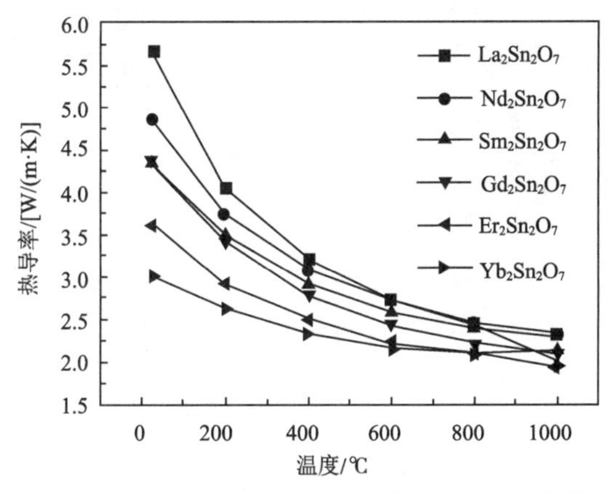

图 2.21　稀土锡酸盐的热导率随温度的变化曲线

将实验测得的稀土锡酸盐的热导率与 Schelling 等[34]计算得到的数据相对比，可以发现，计算值明显低估了稀土锡酸盐的热导率，而且在实测热导率曲线中，除在室温下 $Sm_2Sn_2O_7$ 的热导率略微偏低外，并不存在计算所指出的热导率突然降低的区域。Schelling 等曾对比了稀土锆酸盐热导率的实验值和计算值，认为该分子动力学模拟的方法通常会高估材料的热导率，但却并没有给出其他体系热导率的计算值与实验值的偏差情况。对比本书实验测得的稀土锡酸盐的热导率数据，可以看出该方法在计算热导率方面存在一定的局限性，这可能与模拟过程中原子相互作用势函数的相应参数数值确定方法引起的误差有关。

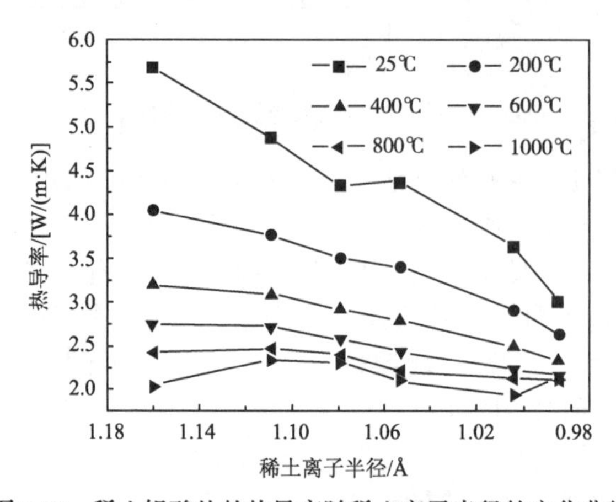

图 2.22　稀土锡酸盐的热导率随稀土离子半径的变化曲线

此外，本书计算了 $La_2Sn_2O_7$ 的热导率与温度的倒数 $1/T$ 的相关性，发现热导率与 $1/T$ 呈线性关系，但并非简单的正比关系，如图 2.23 所示。这主要是因为材料本征热导率的理论推导过程中实际存在一个近似前提，即在高温下材料的

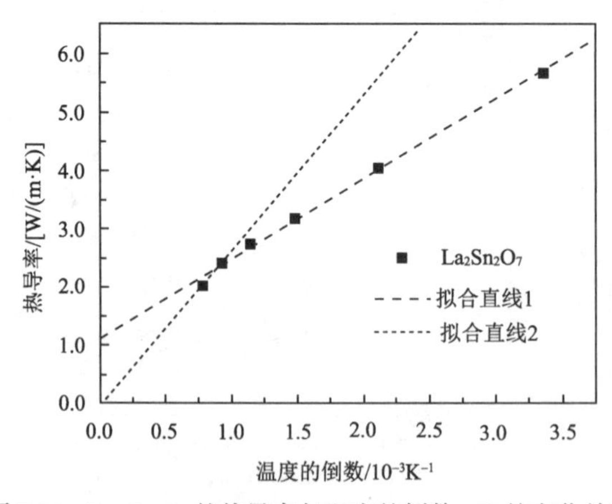

图 2.23　$La_2Sn_2O_7$ 的热导率与温度的倒数 $1/T$ 的变化关系

体积比热容以及声子平均速度与温度无关，而从实验中材料的比热容在 400℃以上才能达到一个近似恒定值，在低于此温度的范围内随温度升高有一个显著的增大，这使得材料的热导率其实在很大温度范围内并不与 $1/T$ 成正比。如图 2.23 所示，将 $La_2Sn_2O_7$ 在 800℃与 1000℃下的热导率用直线拟合，发现该直线近似通过坐标原点，即热导率与 $1/T$ 成正比。

3. 弹性模量及其他力学性能

由声子横波声速和纵波声速计算并经校正后的弹性模量如图 2.24 所示。由图 2.24 可以看出，稀土锡酸盐的弹性模量随着稀土离子半径的减小而增大。根据弹性模量与晶格能之间的密切关系，可以推测稀土锡酸盐的晶格能随着稀土离子半径的减小应该是增大的。但是根据文献[23]和[35]报道，焦绿石结构化合物的马德隆常数随着位置参数 x 的增大而减小。锡酸盐的位置参数 x 是随稀土离子半径的减小而增大的，也就是说稀土锡酸盐的晶格能可能是相应减小的，这与实验结果不符。为此，采用分子动力学模拟的方法计算了稀土锡酸盐的晶格能以及对应的弹性模量。

该方法是基于能量最小化原理的，原子间的作用力由长程库仑力与短程相互作用来描述。其中，短程相互作用采用 Buckingham 势函数描述：

$$S_{ij} = A \cdot \exp\left(-\frac{r_{ij}}{\rho}\right) - \frac{C}{r_{ij}^6} \tag{2-3}$$

其中，r_{ij} 为原子间距；A、ρ、C 为可调整参数，本章采用 Schelling 等[34]报道的数据及其对 Sn—O 键的相关调整。

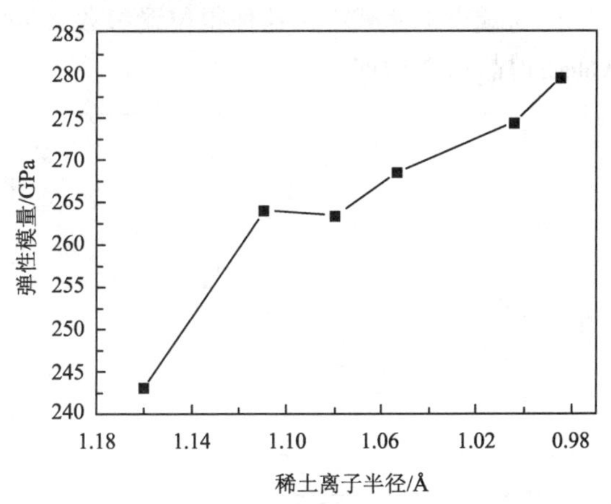

图 2.24　稀土锡酸盐的弹性模量随稀土离子半径的变化曲线

此外，稀土锡酸盐的离子有效电荷数也采用 Minervini 等的设定，Sn^{4+}为+3.4，

稀土离子为+2.55，O^{2-}为−1.7。采用核-壳模型描述离子极化，即将离子看作由有质量的核电荷 $X|e|$和无质量的壳层电荷 $Y|e|$组成，两者的相互作用用弹性常数 k 来描述。对于 O^{2-}，Y=−2.23，k=32.0eV/Å^2。$La_2Sn_2O_7$ 材料晶胞的初始构型采用Kennedy[31]报道的结构参数，如图 2.25 所示。所有计算均采用 GULP(General Utility Lattice Program)程序[36]完成。

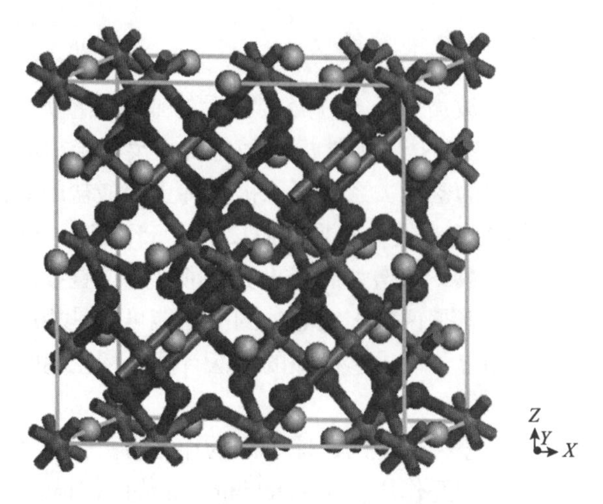

图 2.25　$La_2Sn_2O_7$ 的原子构型示意图

计算得到的稀土锡酸盐的晶格能如图 2.26 所示。由计算结果可以看出，稀土锡酸盐的晶格能是随着稀土离子半径的减小而增大的，与弹性模量数据得出的结论一致。在这种情况下，位置参数 x 的增大会使 O^{2-}偏离 Sn^{4+}，从而使得结合力较大的 Sn—O 键变长，造成总晶格能的减小。而本章研究的稀土锡酸盐的点阵参数随稀土离子半径的减小迅速减小，这使得位置参数 x 虽然增大，但是相应键长均在缩短，从而使得晶格能增加。

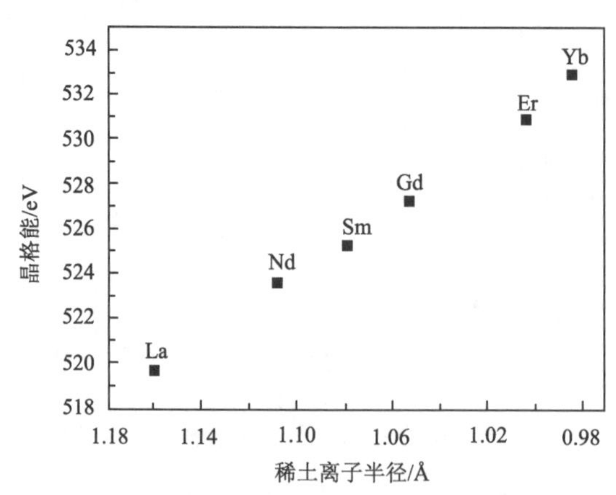

图 2.26　计算得到的稀土锡酸盐的晶格能

计算得到的稀土锡酸盐的弹性模量如图 2.27 所示。与图 2.24 相对比，可以看出，稀土锡酸盐的弹性模量的计算值与实验值相类似，均随稀土离子半径的减小而增大，其数值也比较接近，只是变化幅度稍小，这说明分子动力学模拟的方法对于此处晶格能及弹性模量的计算是有效的，也证明了前面计算得出的晶格能趋势的正确性。

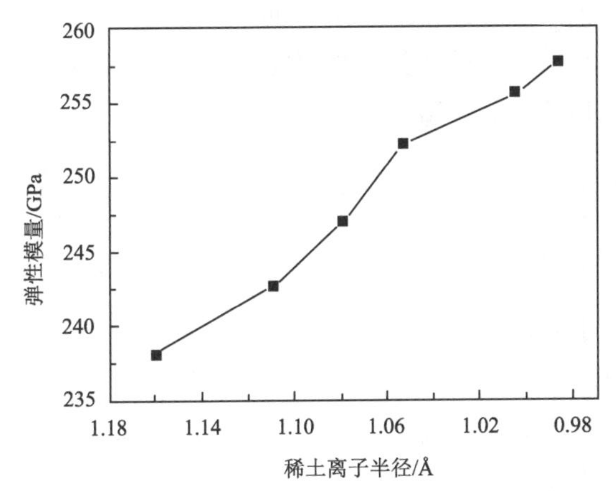

图 2.27　计算得到的稀土锡酸盐的弹性模量随稀土离子半径的变化曲线

4. 热膨胀系数

图 2.28 为稀土锡酸盐在室温至 1300℃内的热膨胀率随温度的变化曲线。由图 2.28 可以看出，各条曲线在 300℃以上均线性良好，无明显斜率变化，这说明稀土锡酸盐的相稳定性和结构稳定性比较好。从图 2.28 以及放大的插图中可以看

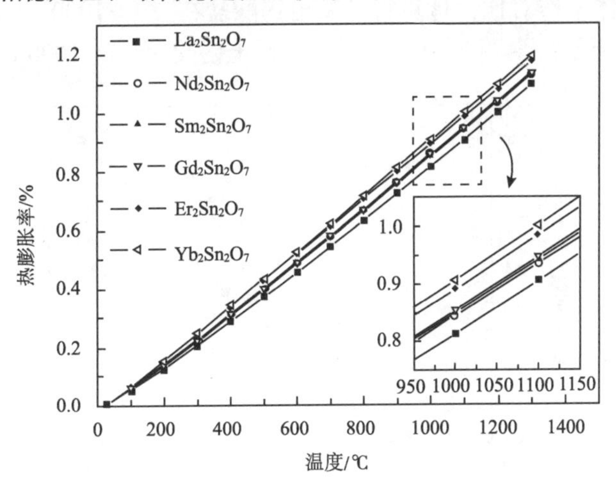

图 2.28　稀土锡酸盐的热膨胀率随温度的变化曲线

出，稀土锡酸盐的热膨胀率几乎在整个温度范围内均随稀土离子半径的减小而增大。材料的晶格能也是随稀土离子半径的减小而增大的，这种晶格能与热膨胀系数同时增大的现象在 Perrière 等[37]研究的独居石结构的稀土磷酸盐中也有发现。

根据相关讨论分析，这种现象可以解释为原子间距减小的影响在稀土锡酸盐的热膨胀行为中占据了主导地位，如图 2.29 所示，原子间距 r_0 大幅度减小使得势垒宽度减小，这种情况下即使其势垒深度有所增加，其势垒曲线的不对称性仍然在增加，从而使得热膨胀率增大。

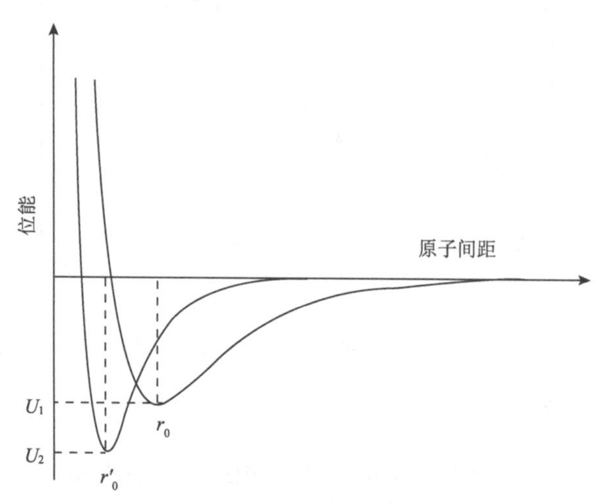

图 2.29　晶格能及原子间距对相互作用势函数非对称性影响的示意图

为与其他体系作对比，计算得到稀土锡酸盐在 30～1000℃的平均热膨胀系数，如图 2.30 所示。由图 2.30 可以看出，稀土锡酸盐 30～1000℃的平均热膨胀

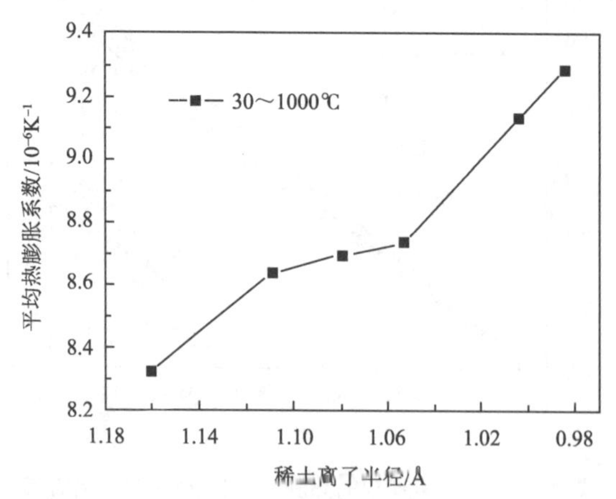

图 2.30　稀土锡酸盐在 30～1000℃的平均热膨胀系数随稀土离子半径的变化曲线

系数为 $8.3\times10^{-6}\sim9.3\times10^{-6}K^{-1}$，小于稀土锆酸盐和 YSZ 材料。这可能是因为稀土锡酸盐的结构接近理想焦绿石结构，晶格能较大，从而造成了材料热膨胀系数的减小。为验证这一结论，计算稀土锆酸盐 $La_2Zr_2O_7$ 和 $Sm_2Zr_2O_7$ 的晶格能，结果显示这两种典型材料的晶格能分别为 513.55eV 和 512.50eV，均低于图 2.26 所示的稀土锡酸盐的晶格能。因此，同样可以采用与降低热导率相同的方法，即通过掺杂引入点缺陷，松弛晶格，降低材料的晶格能，进而提高稀土锡酸盐的热膨胀系数。

2.1.4　稀土铝酸盐 Ba_2REAlO_5

1. 晶体结构

稀土铝酸盐 Ba_2REAlO_5(RE=Dy，Er，Yb)结构实际上是钙钛矿结构的一种变体，自从 1984 年苏联科学家 Kovba 等[38]发现这种化合物之后，对它就没有后续研究。Ba_2REAlO_5 属于单斜晶系，空间群为 $P2_1/m$ 或 $P2_1$。其晶胞为类体心立方结构，和钙钛矿(ABX_3)的结构相似。从钙钛矿到 Ba_2REAlO_5 的晶胞转换矩阵为

$$\begin{pmatrix} \bar{1} & \bar{1} & \bar{1} \\ 1 & \bar{1} & 1 \\ \bar{1} & 0 & 1 \end{pmatrix}$$

其中，Ba_2REAlO_5 中的 Ba 对应于钙钛矿中的 A 位置，RE 和 Al 则占据钙钛矿中的 B 位置，同钙钛矿对比可以看到 Ba_2REAlO_5 结构中有 1/6 的氧原子空缺。晶胞转换矩阵的秩为 4，表明 Ba_2REAlO_5 晶胞中有 2 个 Ba_2REAlO_5 单元。同时与钙钛矿结构比较，Ba_2REAlO_5 的 XRD 图谱出现超结构的衍射峰，表明 RE 和 Al 是有序排布的，氧离子空位在氧原子的亚点阵中排布也是有序的。

本章同时研究 Ba_2REAlO_5 结构的另外一种变体 $Ba_3REAl_2O_{7.5}$(RE=Y，Yb)[38]，从钙钛矿到 $Ba_3REAl_2O_{7.5}$ 的晶胞转换矩阵为

$$\begin{pmatrix} 3 & 0 & 3 \\ 0 & 2 & 0 \\ \bar{1} & 0 & 1 \end{pmatrix}$$

晶胞转换矩阵的秩为 12，表明 $Ba_3REAl_2O_{7.5}$ 晶胞中存在 4 个 $Ba_3REAl_2O_{7.5}$

单元。通过与钙钛矿结构比较，得到 $Ba_3REAl_2O_{7.5}$ 结构的氧离子空位浓度与 Ba_2REAlO_5 一致，都是 1/6 的氧原子空缺，其结构与 Ba_2REAlO_5 的差别就在于氧离子空位的排列方式不同。

2. 热导率

热扩散系数反映了热量的传播速度，是热导率的重要参数之一。由图 2.31 可以看到，Ba_2REAlO_5(RE=Dy，Er，Yb)及 $Ba_3YAl_2O_{7.5}$ 的热扩散系数随温度升高而减小，热扩散系数与温度近似成反比。热扩散系数的温度相关性主要与声子间散射有关，而点缺陷散射强度随温度变化不大。在高温下，Ba_2REAlO_5(RE=Dy，Er，Yb)及 $Ba_3YAl_2O_{7.5}$ 的热扩散系数趋近于相同值(0.4mm²/s 左右)，比稀土锆酸盐的最低值(0.45mm²/s 左右)略低。

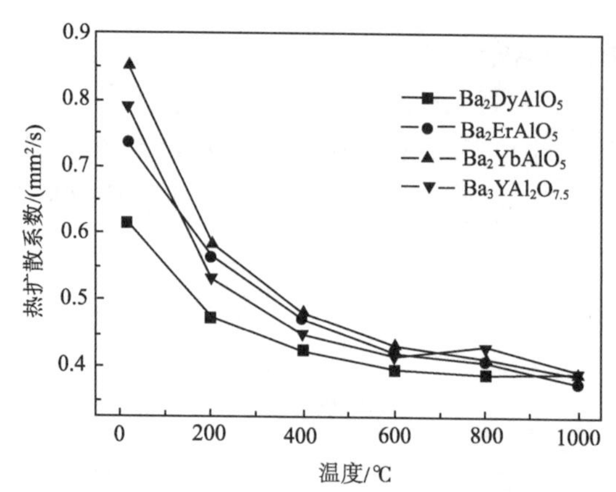

图 2.31　Ba_2REAlO_5(RE=Dy，Er，Yb)体系及 $Ba_3YAl_2O_{7.5}$ 热扩散系数随温度的变化曲线

同时还可以发现，在 Ba_2REAlO_5(RE=Dy，Er，Yb)体系内部，随稀土离子半径的增加，低温下同一温度的热扩散系数降低，说明还存在额外的声子散射机制，可能与结构的变化有关。

计算得出的 Ba_2REAlO_5(RE=Dy，Er，Yb)体系的热导率如图 2.32 所示，同时 7YSZ 以及 $Gd_2Zr_2O_7$ 的热导率也绘制在图 2.32 中加以比较。从图 2.32 中可以发现，Ba_2REAlO_5(RE=Dy，Er，Yb)体系的热导率远远低于 7YSZ，并且明显低于稀土锆酸盐中热导率最低的 $Gd_2Zr_2O_7$。在高温下，Ba_2REAlO_5(RE=Dy，Er，Yb)体系的热导率最低值达到 1.1W/(m·K)，这几乎是已知难熔结晶氧化物中热导率的最低值，在热障涂层材料领域具有极大的应用前景，同时在研究低热导率材料方面也有很高的理论价值。

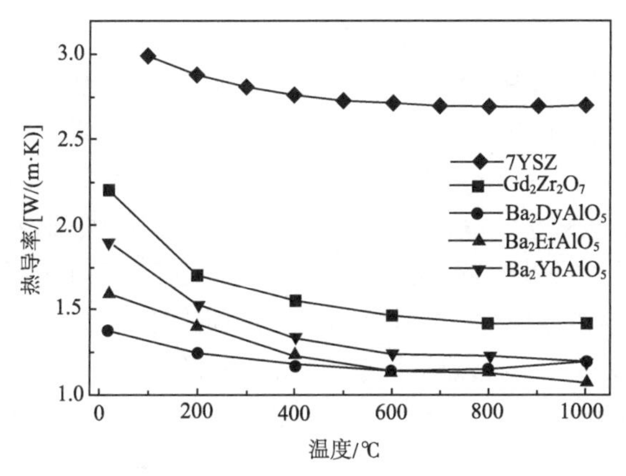

图 2.32　Ba_2REAlO_5(RE=Dy，Er，Yb)体系及 7YSZ、$Gd_2Zr_2O_7$ 热导率随温度的变化曲线

为了分析 Ba_2REAlO_5(RE=Dy，Er，Yb)体系的低热导率机理，同样借助德拜的声子气体理论，热导率可以表示为式(1-2)。因此可以通过比热容、声子平均自由程以及声子速度来研究热导率。通过晶格振动理论可以知道，在德拜温度以上，固体的比热容变化很小，由杜隆-珀蒂定律[39，40]可知，在高温下每个原子的比热容逼近 $3k_B$，因此在高温下，比热容对低热导率几乎没有贡献。影响热导率的主要因素就是声子速度和声子平均自由程。

声子速度包括纵波声速(v_p)和横波声速(v_s)，可以通过超声反射法测量，总的声子速度可以通过两者综合计算得到[40]：

$$v = 3^{1/3}\left(\frac{1}{v_p^3}+\frac{2}{v_s^3}\right)^{-1/3} \tag{2-4}$$

计算结果如表 2.2 所示。在表 2.2 中也包括文献中 7YSZ 的声子速度以及第 3 章中测得的 $Gd_2Zr_2O_7$ 的声子速度。

表 2.2　Ba_2REAlO_5(RE=Dy，Er，Yb)体系以及 7YSZ、$Gd_2Zr_2O_7$ 的声子速度和弹性模量

成分	7YSZ	$Gd_2Zr_2O_7$	Ba_2DyAlO_5	Ba_2ErAlO_5	Ba_2YbAlO_5
声子速度/(m/s)	4326[41]	3832	3078	2908	2901
弹性模量/GPa	250.0[42]	234.3	116.5	100.3	109.4

通过比较可以发现，Ba_2REAlO_5(RE=Dy，Er，Yb)体系的声子速度明显低于 7YSZ 以及 $Gd_2Zr_2O_7$。和热导率对比之后可以看到，热导率几乎和声子速度正相关，这一点在 Cahill 等的研究中也可以得到验证，在其研究中不同材料的热导率和声子速度具有很强的相关性。

声子速度取决于化学键强度以及密度，化学键强度可以通过弹性模量来衡量。表 2.2 中同样列出了 Ba_2REAlO_5(RE=Dy，Er，Yb)体系以及 7YSZ、$Gd_2Zr_2O_7$ 的弹性模量，可以看到 Ba_2REAlO_5(RE=Dy，Er，Yb)体系的弹性模量明显低于 7YSZ 以及 $Gd_2Zr_2O_7$。在 Ba_2REAlO_5 体系中存在大量的氧离子空位，阳离子配位数减小，导致晶格能减小，晶格松弛，因此原子间作用力比较小。作为热障涂层材料，低弹性模量也是极为有益的，因为低弹性模量有助于降低整个涂层体系在温度变化过程中的热应力，有助于增加涂层的稳定性，延长使用寿命。

声子平均自由程可以通过热扩散系数(图 2.31)以及声子速度(表 2.2)求得。据此计算出 Ba_2REAlO_5(RE=Dy，Er，Yb)体系的声子平均自由程，如图 2.33 所示。

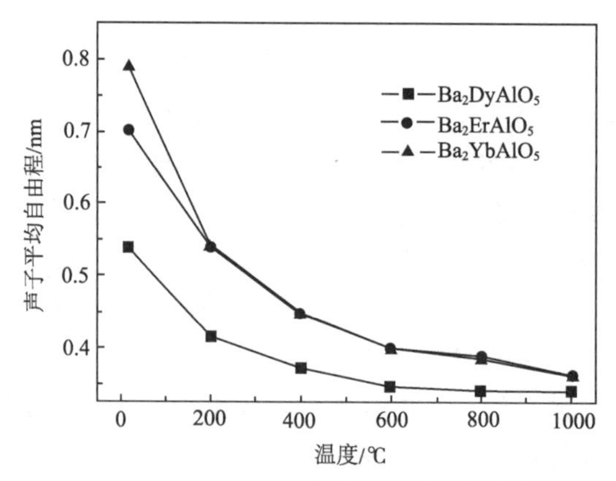

图 2.33　Ba_2REAlO_5(RE=Dy，Er，Yb)体系的声子平均自由程随温度的变化曲线

从图 2.33 中可以发现，Ba_2REAlO_5(RE=Dy，Er，Yb)体系的声子平均自由程基本都小于其晶体学参数(a=7.239Å，b=7.449Å，c=6.035Å，以 Ba_2DyAlO_5 为例)，在高温下达到极限值 0.35nm 左右。对于固体热传导，当声子运动被完全散射时，热导率达到无序极限，此时声子间的耦合作用消失，不存在长程晶格波，能量只在相邻原子间传递，声子平均自由程也达到极限值，即原子间距。原子间距可以通过原子平均体积的立方根来估算。经计算，Ba_2REAlO_5(RE=Dy，Er，Yb)体系的原子间距分别为 0.24nm、0.24nm 和 0.23nm。Ba_2REAlO_5 的声子平均自由程几乎接近其极限值，表明材料内部存在强烈的声子散射过程。

3. 热膨胀系数

从前面的讨论可以得知，热障涂层材料也要具备较高的热膨胀系数，以减小涂层与合金基体的热失配。通过推杆法测量 Ba_2REAlO_5(RE=Dy，Er，Yb)体系及 7YSZ 的热膨胀系数，如图 2.34 所示。

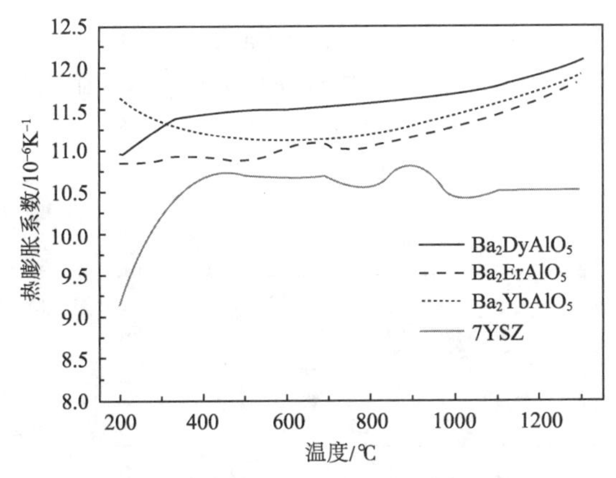

图2.34　Ba_2REAlO_5(RE=Dy，Er，Yb)体系以及7YSZ的热膨胀系数随温度的变化曲线

可以看到，Ba_2REAlO_5体系的热膨胀系数明显高于7YSZ，1200℃下达到$12.0\times10^{-6}K^{-1}$，同时高于稀土锆酸盐的最高值($Gd_2Zr_2O_7$，$11.5\times10^{-6}K^{-1}$)。Ba_2REAlO_5体系的高热膨胀系数主要也来源于其缺陷性结构，高浓度的氧离子空位降低了阳离子的配位数，降低了晶格能。同时Ba_2DyAlO_5的热膨胀系数高于Ba_2ErAlO_5和Ba_2YbAlO_5，可能也与DyO_6八面体的倾斜变形有关。

在实验过程中，同时发现Ba_2REAlO_5体系在空气中存在潮解的倾向。原因可能是实验原料含有$BaCO_3$，不易分解，在晶界处存在少量未反应的BaO，与空气中的水发生反应。因此需要在制备工艺上进一步探索，如延长保温时间等。

2.1.5　稀土铝酸盐$Ba_6RE_2Al_4O_{15}$

1. 晶体结构

稀土铝酸盐$Ba_6RE_2Al_4O_{15}$(RE=Gd，Dy，Er，Yb)体系和Ba_2REAlO_5(RE=Dy，Er，Yb)体系结构类似，也是钙钛矿结构的一种变体。$Ba_6RE_2Al_4O_{15}$(RE=Gd，Dy，Er，Yb)体系和Ba_2REAlO_5(RE=Dy，Er，Yb)体系同属于单斜晶系，空间群为$P2_1/c$或$P2_1$。其晶胞为类体心立方结构，和钙钛矿(ABX_3)的结构相似。从钙钛矿到$Ba_6RE_2Al_4O_{15}$的晶胞转换矩阵为[38]

$$\begin{pmatrix} 3 & 0 & 3 \\ 0 & 2 & 0 \\ \bar{1} & 0 & 1 \end{pmatrix}$$

这表明 $Ba_6RE_2Al_4O_{15}$ 晶胞中存在 2 个 $Ba_6RE_2Al_4O_{15}$ 单元，如图 2.35 所示。其中 Ba 对应于钙钛矿中的 A 位，RE 和 Al 则占据钙钛矿中的 B 位，同钙钛矿对比可以看到 $Ba_6RE_2Al_4O_{15}$ 结构中有 1/6 的氧原子空缺。

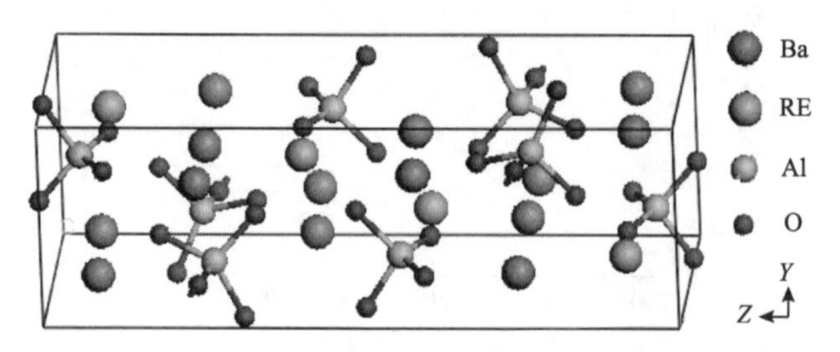

图 2.35　$Ba_6RE_2Al_4O_{15}$ 的晶体结构

对比 $Ba_6RE_2Al_4O_{15}$ 和 Ba_2REAlO_5 的结构发现，两类化合物的氧离子空位浓度皆为 1/6 氧原子空缺，但其排列不同，同时由于二者单位晶胞中都只含有 2 个单元，而 $Ba_6RE_2Al_4O_{15}$ 化学式比 Ba_2REAlO_5 复杂，且 $Ba_6RE_2Al_4O_{15}$ 的晶体学参数比 Ba_2REAlO_5 大得多(表 2.3)，故其结构更为复杂，可能具有更低的热导率。

表 2.3　Ba_2REAlO_5 体系和 $Ba_6RE_2Al_4O_{15}$ 体系的晶体学参数

样品	方法	a/Å	b/Å	c/Å	β/(°)	相对原子质量	ρ/(g/cm³)	V/Å³
Ba_2YAlO_5	实验	7.2310	7.4300	6.0220	117.2	470.5	5.390	287.68
	计算	7.2569	7.4651	6.0395	116.2	470.5	5.323	293.56
Ba_2DyAlO_5	实验	7.2325	7.3979	6.0400	117.1	543.6	6.275	287.70
	计算	7.2872	7.4879	6.0719	116.1	543.6	6.073	297.56
Ba_2ErAlO_5	实验	7.2133	7.4581	6.0533	117.6	548.6	6.357	286.60
	计算	7.2604	7.5157	6.1098	116.6	548.6	6.116	298.06
Ba_2YbAlO_5	实验	7.1986	7.4345	6.0324	117.5	554.6	6.431	286.40
	计算	7.2271	7.5063	6.0213	116.5	554.6	6.303	292.25
$Ba_6Y_2Al_4O_{15}$	实验 1	18.3400	5.9040	7.8400	91.5	1350.0	5.281	848.86
	实验 2	18.3410	5.8997	7.8281	91.4	1350.0	5.292	847.04
	计算	18.3750	5.9210	7.8539	91.1	1350.0	5.245	854.50
$Ba_6Gd_2Al_4O_{15}$	实验	18.3890	5.9389	7.9032	91.4	1486.0	5.717	863.13
	计算	18.7260	5.9627	7.9481	91.0	1486.0	5.560	887.47
$Ba_6Dy_2Al_4O_{15}$	实验	18.3860	5.9417	7.9188	91.3	1496.0	5.742	865.10
	计算	18.7160	5.9649	7.9369	91.0	1496.0	5.607	886.07

续表

样品	方法	a/Å	b/Å	c/Å	β/(°)	相对原子质量	ρ/(g/cm^3)	V/Å^3
$Ba_6Er_2Al_4O_{15}$	实验	18.3770	5.9373	7.8876	91.3	1506.0	5.811	860.63
	计算	18.6090	5.9678	7.9202	90.8	1506.0	5.686	879.58
$Ba_6Yb_2Al_4O_{15}$	实验	18.3960	5.9420	7.8989	91.4	1518.0	5.838	863.43
	计算	18.5720	5.9689	7.9177	90.8	1518.0	5.743	877.69

2. XRD 及 SEM 分析

图 2.36 为 $Ba_6RE_2Al_4O_{15}$(RE=Gd，Dy，Er，Yb)体系的 XRD 图谱。由于这些化合物是人类目前首次合成的，故并未有标准粉末衍射卡组(powder diffraction file，PDF)，仅能与类似的化合物 $Ba_6Y_2Al_4O_{15}$ 和 $Ba_6Lu_2Ga_4O_{15}$ 相比较。对比发现，尽管单斜相产生的衍射线多而复杂，但化合物峰位都符合得较好，说明制备得到了比较纯的相。和钙钛矿结构相比，在 30° 左右出现了多处强峰，表明晶体结构为复杂的单斜晶系。采用清华大学材料科学与工程研究院中心实验室的衍射分析软件，对每个峰的晶面指数进行指标化，同时结合峰位求出该化合物的晶体学参数及理论密度，结果如表 2.3 所示。

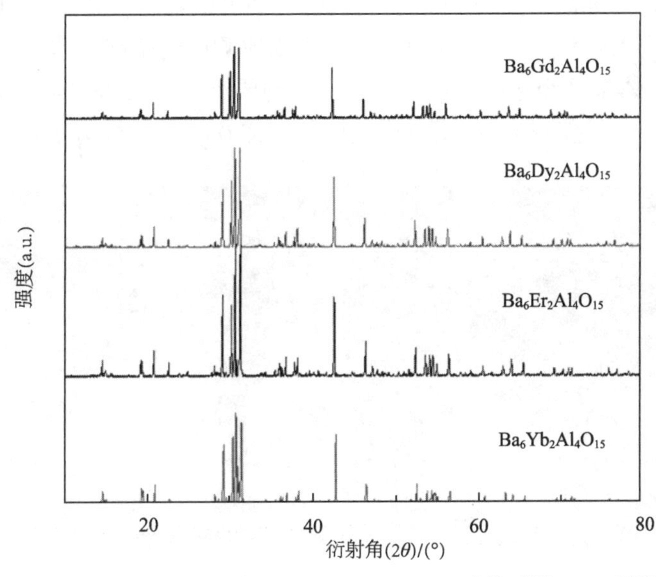

图 2.36　$Ba_6RE_2Al_4O_{15}$(RE= Gd，Dy，Er，Yb)体系的 XRD 图谱

由于实验设计之前已经进行了第一性原理计算，根据模型优化结果得到的晶体学参数同时列于表 2.3。对比发现，由于计算采用 GGA-PBE(generalized gradient approximations Perdew-Burke-Erazerhof）泛函，得到的整体晶体学参数较大，但相关趋势一致，并且误差在理论范围内。进一步说明通过第一性原理计算可以很好地构建和预测一些未知化合物的晶体学参数。例如，$Ba_6Yb_2Al_4O_{15}$ 和 Ba_2YbAlO_5 的晶体学参数分别为 a=18.3960Å，b=5.9420Å，c=7.8989Å，β=91.4° 及 a=7.1986Å，b=7.4345Å，c=6.0324Å，β=117.5° 等。采用阿基米德排水法测量 $Ba_6RE_2Al_4O_{15}$（RE=Gd，Dy，Er，Yb）体系的实际密度，理论密度根据 XRD 峰计算的晶体学参数得到，结果如表 2.4 所示。

表 2.4　$Ba_6RE_2Al_4O_{15}$（RE=Gd，Dy，Er，Yb）体系的密度

成分	实际密度/（g/cm³）	理论密度/（g/cm³）	致密度
$Ba_6Gd_2Al_4O_{15}$	5.451	5.717	95.35%
$Ba_6Dy_2Al_4O_{15}$	5.525	5.742	96.22%
$Ba_6Er_2Al_4O_{15}$	5.600	5.811	96.37%
$Ba_6Yb_2Al_4O_{15}$	5.570	5.838	95.41%

计算得到这些低热导率材料的致密度都在 95%以上。为了排除致密度不足引起的误差增大，同时对 $Ba_6RE_2Al_4O_{15}$（RE=Gd，Dy，Er，Yb）体系随机进行 SEM 断口分析，如图 2.37 所示。从图 2.37 中可以看出，制备的 $Ba_6RE_2Al_4O_{15}$ 所含气孔有限，致密度较高，与阿基米德排水法测试的密度一致，故认为合成的 $Ba_6RE_2Al_4O_{15}$ 体系已经达到热扩散系数测量的要求。图 2.38 则为通过进一步的计算得到的傅里叶逆变换后的高分辨晶格原子像及电子衍射花样。

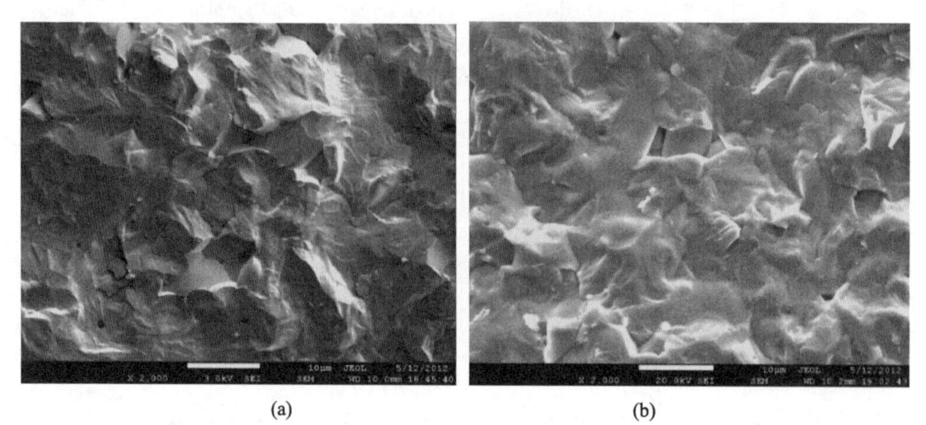

(a)　　(b)

图 2.37　$Ba_6Gd_2Al_4O_{15}$(a)和 $Ba_6Dy_2Al_4O_{15}$(b)材料断口显微结构的 SEM 图像

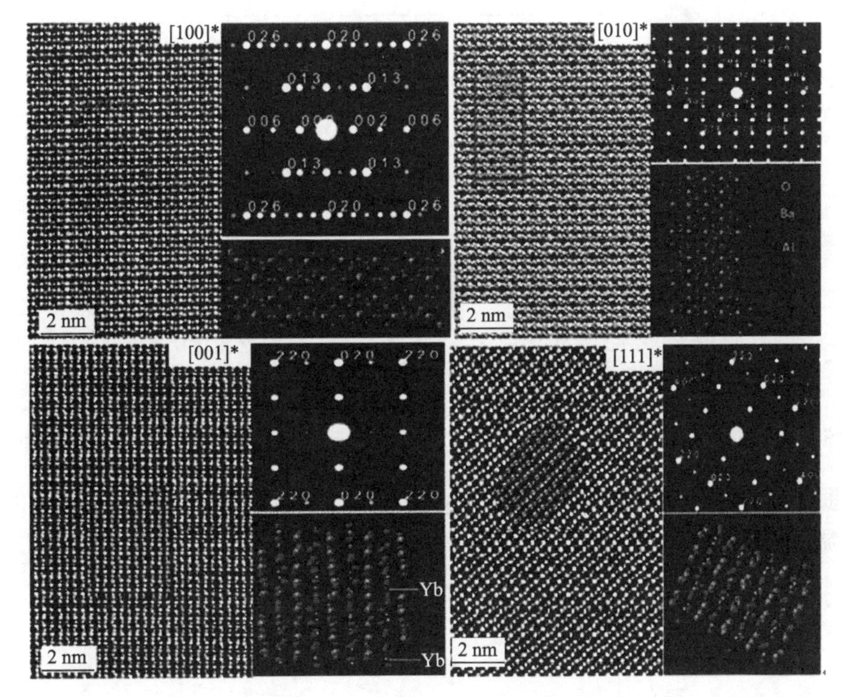

图 2.38　傅里叶逆变换 $Ba_6Yb_2Al_4O_{15}$ 材料晶格原子像及电子衍射花样

3. 热学性质

热扩散系数反映了热量的传播速度，是热传导性质的重要参数之一。从图 2.39 中可以看到，$Ba_6RE_2Al_4O_{15}$(RE=Gd，Dy，Er，Yb)体系的热扩散系数随温度升高而降低，与其他体系不同的是，热扩散系数随着温度的变化明显分为两部分，即 573K 之前随温度升高而迅速降低，变化曲线陡峭并近似呈线性关系；而在高于 573K 以后曲线逐渐变平缓，一直持续到高温状态，虽然随着温度升高而降低，但降低幅度明显小得多，与温度也近似呈线性关系。之前的研究一般认为，热扩散系数与温度近似成反比。然而该规则与图 2.39 明显有较大差距，这可能和制备的材料结构有关，详细机理尚在探索中。通常认为热扩散系数的温度相关性主要与声子间散射有关，而点缺陷散射强度随温度变化不大。在高温下，$Ba_6RE_2Al_4O_{15}$(RE=Gd，Dy，Er，Yb)体系的热扩散系数为 0.37～0.46mm^2/s，其中 $Ba_6Gd_2Al_4O_{15}$ 和 $Ba_6Dy_2Al_4O_{15}$ 的热扩散系数与稀土锆酸盐相近（约 0.45mm^2/s），而 $Ba_6Yb_2Al_4O_{15}$ 的热扩散系数则明显更低，意味着将会获得更低的热导率。比较 $Ba_6RE_2Al_4O_{15}$(RE=Gd，Dy，Er，Yb)体系的热扩散系数，发现热扩散系数与声子速度以及声子平均自由程相关，同时除 $Ba_6Er_2Al_4O_{15}$ 外，随着稀土离子半径、质量及电负性的增加明显下降，其声子散射机制尚在进一步研究中。

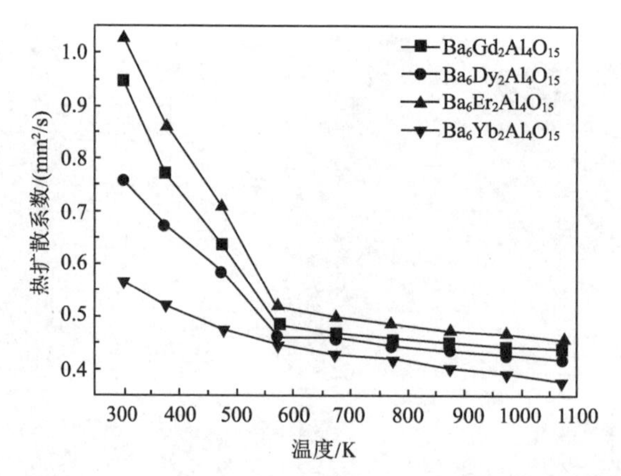

图 2.39　$Ba_6RE_2Al_4O_{15}$(RE=Gd，Dy，Er，Yb)体系的热扩散系数随温度的变化曲线

根据德拜理论，计算得到 $Ba_6RE_2Al_4O_{15}$(RE=Gd，Dy，Er，Yb)体系的比热容随温度的变化曲线如图 2.40 所示。

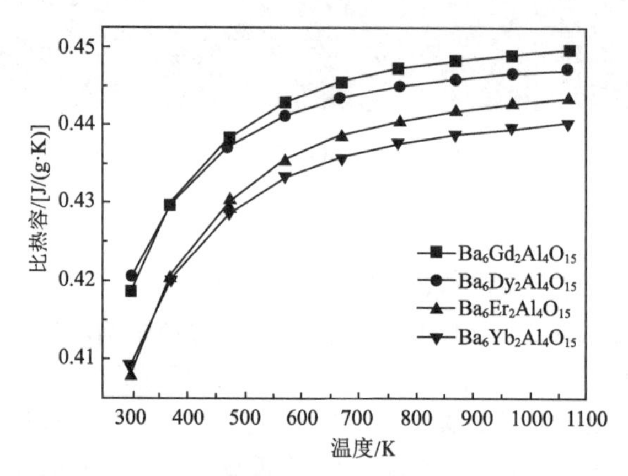

图 2.40　$Ba_6RE_2Al_4O_{15}$(RE=Gd，Dy，Er，Yb)体系的比热容随温度的变化曲线

由图 2.40 可以看出，随着温度升高，$Ba_6RE_2Al_4O_{15}$(RE=Gd，Dy，Er，Yb)体系的比热容逐渐增大；随着稀土原子质量增大，相同温度下的比热容随稀土离子半径减小而逐渐减小，这是由于化合物结构相同，德拜温度相近，而质量较大的原子做热运动需要更多的能量，故在相同条件下，质量较大的原子比热容较小。

根据相应的热导率的计算公式得到 $Ba_6RE_2Al_4O_{15}$(RE=Gd，Dy，Er，Yb)体系的热导率随温度的变化曲线，如图 2.41 所示。为了方便对比，图 2.42 中同时列出 Ba_2REAlO_5(RE=Dy，Er，Yb)体系与其他低热导率陶瓷的热导率。

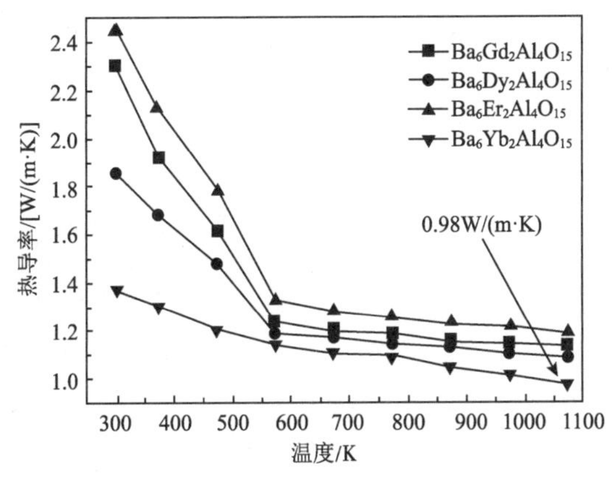

图 2.41　$Ba_6RE_2Al_4O_{15}$(RE=Gd，Dy，Er，Yb)体系的热导率随温度的变化曲线

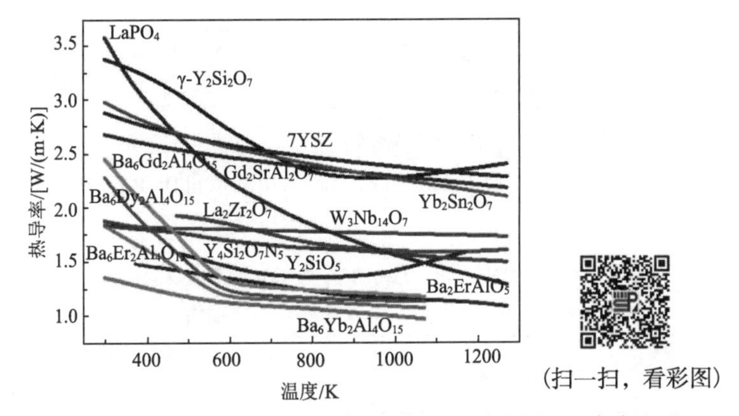

图 2.42　$Ba_6RE_2Al_4O_{15}$(RE=Gd，Dy，Er，Yb)体系的热导率与其他低热导率陶瓷对比

从图 2.41 中可以看出，$Ba_6RE_2Al_4O_{15}$(RE=Gd，Dy，Er，Yb)体系的热导率与热扩散系数随温度变化的趋势整体相同，即从低温到高温分为明显的两部分，都与温度呈非线性关系，且 $Ba_6Yb_2Al_4O_{15}$ 的热导率随温度在整个温度区间近似呈线性变化。相关详细机理尚在分析中，但可以明显发现，$Ba_6Yb_2Al_4O_{15}$ 的热导率更低，在 1073K 时即达到 0.98W/(m·K)，同时 7YSZ 以及 $La_2Zr_2O_7$ 的热导率也绘制在图 2.42 中加以比较。Ba_2REAlO_5(RE=Dy，Er，Yb)体系的热导率远远低于 7YSZ，并且明显低于稀土锆酸盐中热导率最低的成分 $La_2Zr_2O_7$。对比图 2.41 和图 2.42 发现，$Ba_6Gd_2Al_4O_{15}$ 和 $Ba_6Dy_2Al_4O_{15}$ 在 1073K 时的热导率分别为 1.14W/(m·K)和 1.08W/(m·K)，而在相同温度下 Ba_2REAlO_5 体系的热导率约为 1.2W/(m·K)。在高温下，Ba_2REAlO_5 的热导率最低值达到 1.1W/(m·K)，这在之前几乎是已知难熔结晶氧化物中热导率的最低值，但 $Ba_6Yb_2Al_4O_{15}$ 的热导率明显更低，说明 $Ba_6RE_2Al_4O_{15}$ 体系在热障涂层材料领域具有极大的应用前景，同时在研究低热导率材料方面也有很高的理论价值。

更进一步地，采用 Clarke 模型和 Cahill 模型来分析 $Ba_6RE_2Al_4O_{15}$ 的极限热导率。采用两种模型计算得到的 $Ba_6RE_2Al_4O_{15}$(RE=Gd，Dy，Er，Yb)体系和 Ba_2REAlO_5(RE=Dy，Er，Yb)体系的极限热导率如图 2.43 和表 2.5 所示。

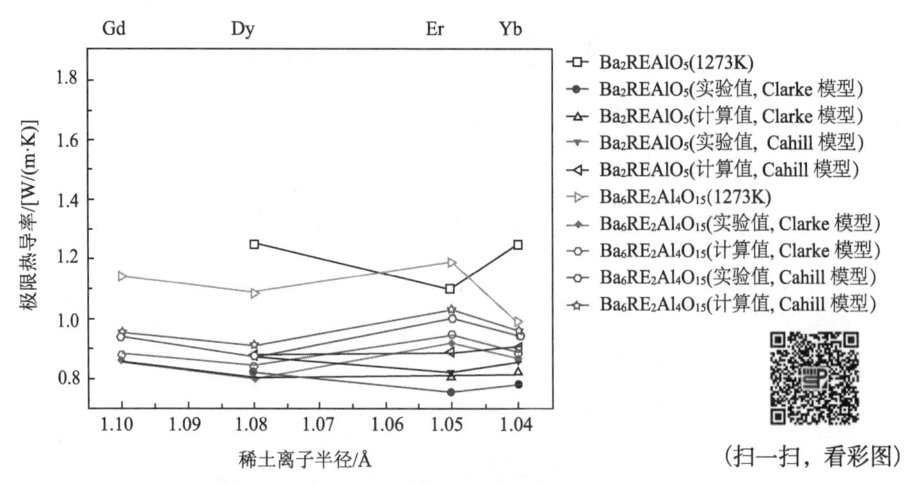

图 2.43 $Ba_6RE_2Al_4O_{15}$(RE= Gd，Dy，Er，Yb)体系和 Ba_2REAlO_5(RE=Dy，Er，Yb)体系的极限热导率

表 2.5 $Ba_6RE_2Al_4O_{15}$(RE=Gd，Dy，Er，Yb)体系和 Ba_2REAlO_5(RE=Dy，Er，Yb)体系的极限热导率详细值

样品	方法	相对原子质量	平均原子质量	原子数	Clarke 极限热导率/[W/(m·K)]	单位体积原子数	Cahill 极限热导率/[W/(m·K)]
Ba_2DyAlO_5	实验	543.6	1.003×10^{-25}	9	0.815	6.256×10^{28}	0.866
	计算	543.6	1.003×10^{-25}	9	0.801	6.049×10^{28}	0.878
Ba_2ErAlO_5	实验	548.6	1.012×10^{-25}	9	0.754	6.280×10^{28}	0.820
	计算	548.6	1.012×10^{-25}	9	0.807	6.039×10^{28}	0.889
Ba_2YbAlO_5	实验	554.6	1.023×10^{-25}	9	0.783	6.284×10^{28}	0.854
	计算	554.6	1.023×10^{-25}	9	0.823	6.159×10^{28}	0.902
$Ba_6Y_2Al_4O_{15}$	实验	1349.6	8.303×10^{-26}	27	0.959	6.375×10^{28}	1.051
	计算	1349.6	8.303×10^{-26}	27	0.977	6.319×10^{28}	1.065
$Ba_6Gd_2Al_4O_{15}$	实验	1485.8	9.141×10^{-26}	27	0.861	6.256×10^{28}	0.938
	计算	1485.8	9.141×10^{-26}	27	0.876	6.084×10^{28}	0.953
$Ba_6Dy_2Al_4O_{15}$	实验	1495.8	9.202×10^{-26}	27	0.799	6.242×10^{28}	0.871
	计算	1495.8	9.202×10^{-26}	27	0.837	6.094×10^{28}	0.912
$Ba_6Er_2Al_4O_{15}$	实验	1505.8	9.264×10^{-26}	27	0.917	6.274×10^{28}	0.996
	计算	1505.8	9.264×10^{-26}	27	0.947	6.139×10^{28}	1.030

续表

样品	方法	相对原子质量	平均原子质量	原子数	Clarke 极限热导率/[W/(m·K)]	单位体积原子数	Cahill 极限热导率/[W/(m·K)]
$Ba_6Yb_2Al_4O_{15}$	实验	1517.8	9.338×10^{-26}	27	0.867	6.254×10^{28}	0.943
	计算	1517.8	9.338×10^{-26}	27	0.884	6.152×10^{28}	0.961

从图 2.43 来看，极限热导率仍旧取决于弹性模量和声子速度。由于 $Ba_6Er_2Al_4O_{15}$ 的弹性模量和声子速度都相对较高，故在该处出现了极限热导率增大的趋势，导致 $Ba_6RE_2Al_4O_{15}$(RE=Gd，Dy，Er，Yb)体系的极限热导率规律并未按照稀土离子半径和质量来变化。对比 1073K 或 1273K 的热导率和极限热导率，发现二者非常接近，如 $Ba_6Yb_2Al_4O_{15}$ 在 1073K 下的热导率为 0.98W/(m·K)，对应 Clarke 模型计算得到的极限热导率为 0.867W/(m·K)，而 Cahill 模型得到的极限热导率为 0.943W/(m·K)，说明高温热导率已经接近其极限热导率。

为了分析 $Ba_6RE_2Al_4O_{15}$ 体系的低热导率机理，声子平均自由程可以通过热扩散系数(图 2.39)以及声子速度求得。据此计算出 $Ba_6RE_2Al_4O_{15}$ 体系的声子平均自由程，如图 2.44 所示。从图 2.44 中可以发现，$Ba_6RE_2Al_4O_{15}$ 体系和 Ba_2REAlO_5 体系相类似，其声子平均自由程基本都小于其晶体学参数，但明显较原子间距更大，在高温下达到极限值 0.35nm 左右。对于固体热传导，当声子平均自由程达到或接近晶格原子间距时，热导率达到极限，此时声子间的耦合作用消失，不存在长程晶格波，能量只在相邻原子间传递，声子平均自由程也达到极限值，即原子间距。研究发现 $Ba_6RE_2Al_4O_{15}$ 体系和 Ba_2REAlO_5 体系相类似，其声子平均自由程接近其极限值，表明材料内部存在强烈的声子散射。

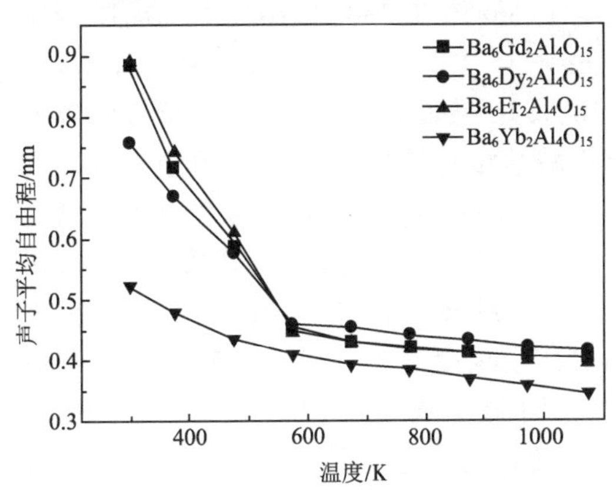

图 2.44　$Ba_6RE_2Al_4O_{15}$(RE=Gd，Dy，Er，Yb)体系的声子平均自由程随温度的变化曲线

表 2.6　$Ba_6RE_2Al_4O_{15}$(RE=Gd，Dy，Er，Yb)体系和 Ba_2REAlO_5(RE=Dy，Er，Yb)体系的弹性系数

样品	C_{11}/GPa	C_{22}/GPa	C_{33}/GPa	C_{44}/GPa	C_{55}/GPa	C_{66}/GPa	C_{12}/GPa	C_{13}/GPa	C_{15}/GPa	C_{23}/GPa	C_{25}/GPa	C_{35}/GPa	C_{46}/GPa
Ba_2DyAlO_5	91.9	177.0	280.1	48.3	83.6	45.7	59.6	28.9	11.3	134.6	−15.0	−29.0	−1.1
Ba_2ErAlO_5	155.6	117.8	154.7	52.7	38.7	40.9	117.0	83.8	−16.0	79.9	−11.0	−9.6	−12.0
Ba_2YbAlO_5	124.4	150.6	175.4	53.6	49.1	46.2	53.8	48.0	−4.7	55.3	1.4	−1.3	−1.1
$Ba_6Gd_2Al_4O_{15}$	116.2	141.8	215.9	49.7	43.7	41.9	62.4	46.7	−8.6	92.4	1.9	−18.0	−8.2
$Ba_6Dy_2Al_4O_{15}$	101.5	136.4	194.8	51.7	45.8	42.8	71.3	41.6	−4.6	86.1	1.4	−13.0	−3.1
$Ba_6Er_2Al_4O_{15}$	142.9	159.7	262.4	53.9	46.1	46.8	89.7	58.9	−9.2	98.2	2.6	−9.8	−5.2
$Ba_6Yb_2Al_4O_{15}$	155.1	168.4	246.1	56.2	47.3	43.4	76.3	52.3	−14.0	81.7	4.1	−9.1	−4.8

绝缘固体的声子散射过程主要包括声子间散射、缺陷散射以及晶界散射。由于陶瓷的晶界尺寸(微米量级)远远大于该体系声子平均自由程(纳米量级)，晶界散射可以忽略。一般的声子间散射无法使声子平均自由程达到原子间距的量级，因此在 $Ba_6RE_2Al_4O_{15}$ 体系内，对声子散射贡献最大的应当是缺陷散射，也就是氧离子空位散射。在已发现的低热导率化合物(包括 7YSZ 以及稀土锆酸盐)中，氧离子空位散射已被确定为主要的散射机制。在 $Ba_6RE_2Al_4O_{15}$ 体系中，氧缺陷浓度达到每 6 个氧原子就存在 1 个氧离子空位，故其热导率较低。与 Ba_2REAlO_5 体系相比，$Ba_6RE_2Al_4O_{15}$ 体系理论密度更低，晶格更复杂，故具有更低的热导率。

实验过程中测定 $Ba_6RE_2Al_4O_{15}$ 体系的熔点如下：$Ba_6Gd_2Al_4O_{15}$ 为 1600℃±15℃，$Ba_6Dy_2Al_4O_{15}$ 为 1650℃±15℃，$Ba_6Er_2Al_4O_{15}$ 为 1690℃±15℃，$Ba_6Yb_2Al_4O_{15}$ 为 1725℃±15℃。根据热膨胀系数经验算法，得到 $Ba_6RE_2Al_4O_{15}$ 体系的热膨胀系数如下：$Ba_6Gd_2Al_4O_{15}$ 为 $13.56\times10^{-6}K^{-1}\pm0.13\times10^{-6}K^{-1}$，$Ba_6Dy_2Al_4O_{15}$ 为 $13.23\times10^{-6}K^{-1}\pm0.13\times10^{-6}K^{-1}$，$Ba_6Er_2Al_4O_{15}$ 为 $12.84\times10^{-6}K^{-1}\pm0.12\times10^{-6}K^{-1}$，$Ba_6Yb_2Al_4O_{15}$ 为 $12.58\times10^{-6}K^{-1}\pm0.11\times10^{-6}K^{-1}$，如图 2.45 所示。而 7YSZ 的热膨胀系数约为 $10.5\times10^{-6}K^{-1}$；稀土锆酸盐中热膨胀系数最大的是 $Sm_2Zr_2O_7$ 和 $Gd_2Zr_2O_7$，约 $11.5\times10^{-6}K^{-1}$；Wan 等报道的 Ba_2REAlO_5 体系的热膨胀系数在 1473K 下达到 $12.0\times10^{-6}K^{-1}$，由此可以看出，$Ba_6RE_2Al_4O_{15}$ 体系具有较高的热膨胀系数，约为 $13.0\times10^{-6}K^{-1}$，其值已达到甚至高于目前最高热膨胀系数的难熔氧化物 $La_2Ce_2O_7$(在 573～1473K 的平均值约 $12.3\times10^{-6}K^{-1}$)。其高热膨胀系数主要来自于化学键的弱结合，同时稀土离子配位数较高，与 Ba_2REAlO_5 体系相比，$Ba_6RE_2Al_4O_{15}$ 体系具有更低的理论密度，故原子堆积更松弛，受到温度影响时变化较大，从微观结构来看，AlO_6 八面体随温度升高会发生较大膨胀，同时 Ba^{2+}的引入生成的离子键又弱化了原子间相互作用，故随着温度升高，Ba—O 键伸长较

大，而 RE—O 键又有较高的配位数而使原子间相互作用力降低，难以抑制原子间距进一步增大，导致 $Ba_6RE_2Al_4O_{15}$ 体系有较大的热膨胀系数。热膨胀系数增大较快，原子间距随着温度升高而迅速增大，可以较容易地克服化学键的束缚，体系内原子可较大幅度地离开平衡位置，逐渐形成短程有序的结构，即熔化而形成液相。

图 2.46 为 $Ba_6RE_2Al_4O_{15}$ 体系的热膨胀系数与其他低热导率陶瓷性能对比，可以看出其热膨胀系数接近稀土铈酸盐，与黏结层有较好的热匹配。

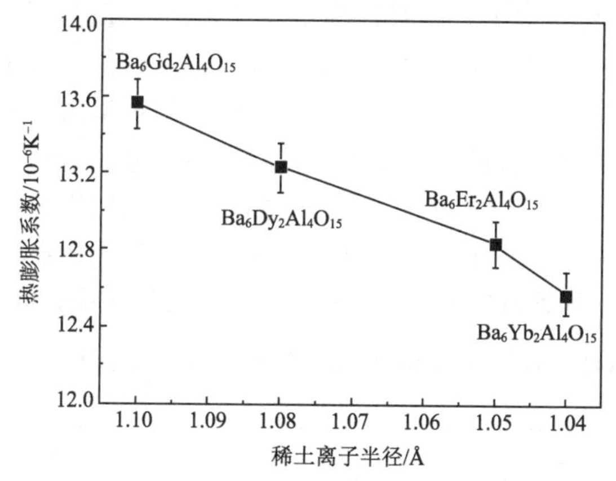

图 2.45　$Ba_6RE_2Al_4O_{15}$ 体系的热膨胀系数

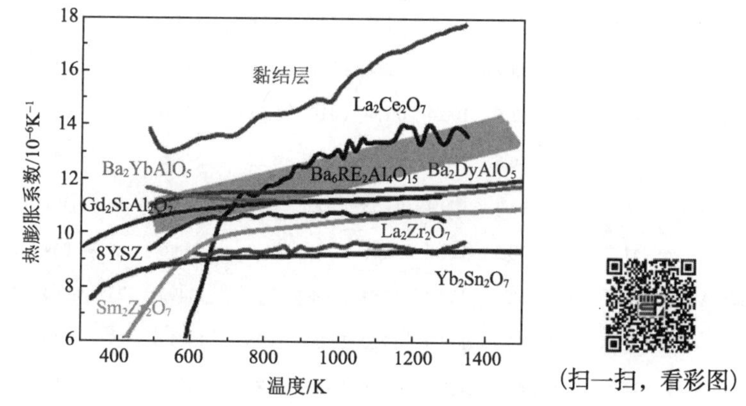

图 2.46　$Ba_6RE_2Al_4O_{15}$ 体系的热膨胀系数与其他低热导率陶瓷性能对比

4. 力学性质

由于在实验之前已经对 $Ba_6RE_2Al_4O_{15}$ 体系的性质进行过第一性原理计算预测，力学性质的计算基于弹性系数，其结果列于表 2.6。表 2.7 为采用超声波测试 $Ba_6RE_2Al_4O_{15}$ 体系得到的力学性质(包括体积模量 B、剪切模量 G 及杨氏模量 E)，为了进行对比，同时详细计算了 Ba_2REAlO_5 体系的体积模量、剪切模量及杨氏模量。$Ba_6RE_2Al_4O_{15}$ 体系和 Ba_2REAlO_5 体系的力学性质都较低，其中体积模量为 45～90GPa，剪切模量为 40～65GPa，杨氏模量为 100～150GPa，整体而言该类化合物的化学键结合较弱，可降低材料热循环过程中的热应力，同时降低声子速度。实验测量和计算得到的声子速度如表 2.7 所示，可以明显看到，纵波声速为 4000～5600m/s，横波声速为 2600～3300m/s，声子平均速度为 2800～3700m/s，与 7YSZ(4326m/s)和稀土锆酸盐(3832m/s)相比，差别较大，证明了声子速度在这种复杂铝酸盐结构中得到有效降低。声子速度取决于化学键强度及密度，而化学键强度可由以上几种弹性模量定性表达。通过计算还得到了德拜温度，结果列于表 2.7，研究发现稀土铝酸盐的德拜温度较低，为 340～430K，而稀土锆酸盐的德拜温度约为 550K，7YSZ 的德拜温度约为 700K，比较可以看出，稀土铝酸盐的化学键强度大大降低。分析其原因可能为稀土原子的高配位导致化学键结合疏松，同时由于晶型为单斜晶系，对称性差导致化学键取向差别较大；此外，化合物中存在的高氧离子空位浓度也对材料的化学键结合起到了弱化作用，氧离子配位数减小，导致晶格能减小，晶格进一步松弛，原子间作用力变弱。

表 2.7　$Ba_6RE_2Al_4O_{15}$ 体系和 Ba_2REAlO_5 体系的模量、*B*/*G*、分子质量、声子速度和德拜温度等参数

样品	方法	*B*/GPa	*G*/GPa	*E*/GPa	泊松比	*B*/*G*	密度/(g/cm³)	分子质量/(g/mol)	原子数	纵波声速/(km/s)	横波声速/(km/s)	声子平均速度/(km/s)	德拜温度/K
Ba_2DyAlO_5	实验	68.9	44.8	116.5	0.233	1.538	6.28	543.6	9	4.528	2.672	2.960	349.8
	计算	79.0	45.1	113.7	0.260	1.752	6.07	543.6	9	4.786	2.725	3.029	354.0
Ba_2ErAlO_5	实验	48.3	43.5	100.4	0.154	1.110	6.36	548.6	9	4.089	2.616	2.874	340.0
	计算	82.3	46.5	116.5	0.262	1.770	6.12	548.6	9	4.857	2.757	3.066	358.0
Ba_2YbAlO_5	实验	68.9	44.3	109.4	0.235	1.555	6.43	554.6	9	4.461	2.625	2.909	344.2
	计算	83.2	48.5	121.8	0.256	1.715	6.30	554.6	9	4.844	2.774	3.082	362.2
$Ba_6Y_2Al_4O_{15}$	实验	89.8	52.9	132.7	0.254	1.698	5.29	1349.6	27	5.504	3.162	3.512	417.5
	计算	84.3	56.2	137.9	0.227	1.500	5.25	1349.6	27	5.510	3.273	3.624	429.6
$Ba_6Gd_2Al_4O_{15}$	实验	71.9	48.3	118.4	0.226	1.489	5.72	1485.8	27	4.883	2.907	3.218	380.2
	计算	70.6	51.2	123.7	0.208	1.379	5.56	1485.8	27	4.997	3.034	3.353	392.5
$Ba_6Dy_2Al_4O_{15}$	实验	61.5	42.1	102.8	0.221	1.461	5.74	1495.8	27	4.526	2.708	2.996	353.7
	计算	67.2	46.7	113.8	0.218	1.439	5.61	1495.8	27	4.805	2.886	3.192	373.9
$Ba_6Er_2Al_4O_{15}$	实验	70.3	57.7	135.9	0.178	1.218	5.81	1505.8	27	5.034	3.151	3.471	410.4
	计算	84.5	60.2	145.9	0.212	1.404	5.69	1505.8	27	5.383	3.254	3.597	422.3
$Ba_6Yb_2Al_4O_{15}$	实验	72.0	50.4	122.6	0.216	1.429	5.84	1517.8	27	4.883	2.938	3.249	383.9
	计算	69.1	53.9	128.3	0.190	1.282	5.74	1517.8	27	4.954	3.063	3.379	396.9

对比计算与实验结果发现，由于采用 GGA-PBE 泛函，计算的晶体学参数偏大，但计算值仍旧与实验值相近，可能是实验由于含有较多缺陷导致力学性能下降。从计算得到的弹性系数来看，稀土铝酸盐的各向异性非常明显，表现为三个主轴方向的弹性张量差别较大，这可能是由 AlO_4 四面体中 Al—O 键各不相同造成的。计算还发现，在 C_{15}、C_{35} 和 C_{46} 中弹性系数出现了负值，这是由于低对称结构非对角劲度张量矩阵元在变形过程中产生的应变不同，为了证明计算的可靠性，通过单斜结构稳定性判据进行验证，结果发现计算值都满足稳定性要求。

对比 $Ba_6RE_2Al_4O_{15}$ 体系和 Ba_2REAlO_5 体系的力学性质发现，$Ba_6RE_2Al_4O_{15}$ 体系的弹性模量较 Ba_2REAlO_5 体系略高，故得到的德拜温度也更高，说明尽管两个系列同属单斜系，都为钙钛矿的变体，但其化学键结合仍有区别，这同时可以从两种体系的结构图中对比得到简单信息。对比表 2.7 中的泊松比及 B/G 发现，两类稀土铝酸盐显示了明显的陶瓷化合物特性，其中泊松比为 0.15～0.27，B/G 为 1.11～1.77，韧脆性的判别依据进一步说明了其延展性、塑性较差，是典型的脆性化合物，这方面与稀土锆酸盐和 YSZ 相当，与稀土磷酸盐相比低得多，故其变形能力差，力学加工性同样较低，故不可能像稀土磷酸盐一样在热障涂层中使用时具有可加工性。

图 2.47 显示了 $Ba_6RE_2Al_4O_{15}$ 体系的硬度，为 3.0～4.0GPa，且随着稀土离子半径减小而逐渐增大，说明电负性差引起的结合键强度对硬度有明显影响。硬度测量过程中偏差较大，可能与制备材料的显微硬度有关。热障涂层在使用过程中为了抵抗粒子冲刷和气流冲击要求较高的硬度，以便涂层具有较长的使用寿命，从这点来看，YSZ 和稀土锆酸盐都有较高的硬度，而稀土铝酸盐还需要进一步提高。

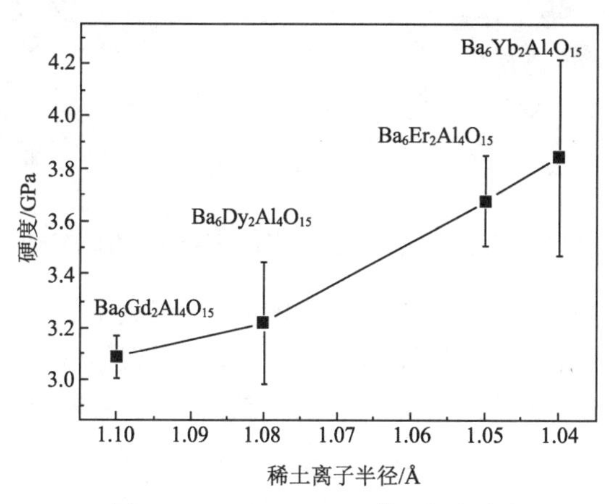

图 2.47　$Ba_6RE_2Al_4O_{15}$ 体系的硬度

2.2　阳离子空位型及混合空位型化合物

2.2.1　磷灰石结构稀土硅酸盐化合物

1. 磷灰石结构分析

磷灰石结构化合物是一大类具有相同或相似晶体结构化合物的统称，其化学通式为 $A_{10}(XO_4)_6Z_2$，其中，A 为碱金属离子、碱土金属离子或者稀土元素离子，X 通常为 P、Si、As、V、Ge 等元素，Z 可以为 O^{2-}、F^-、Cl^-、OH^-等离子[43, 44]。本节的主要研究对象是氧基磷灰石结构的稀土硅酸盐，该体系化合物通常具有六方结构，空间群为 $P6_3/m$，其典型结构如图 2.48 所示。图中，大球为 O^{2-}，小球为稀土/碱土金属离子，四面体为$[SiO_4]^{4-}$。在磷灰石结构中，氧离子有四种晶体学位置，分别是位于 6h 位置的 O1 离子、O2 离子，位于 12i 位置的 O3 离子和位于 2a 位置的 O4 离子；阳离子有两种晶体学位置，分别是 A1 离子占据的 6h 位置和 A2 离子占据的 4f 位置；Si^{4+}则占据 6h 位置[45-48]。此外，如图 2.48(b)所示，A1 离子处于较大的通道中，为 7 配位；A2 离子处于较小的通道中，为 9 配位；O4 离子位于较大通道的中心，处于 6 次对称轴上。

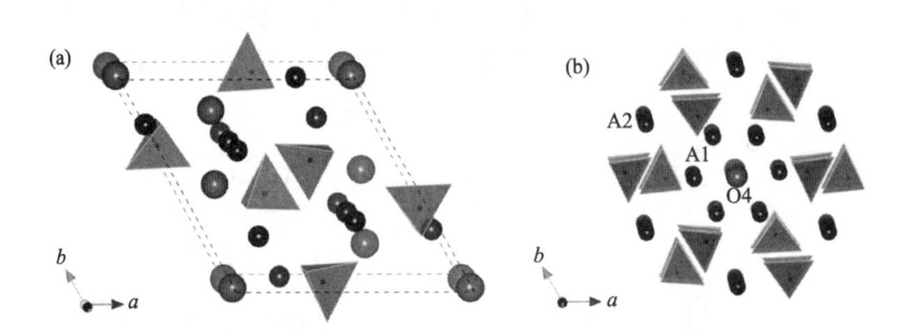

图 2.48　氧基磷灰石结构化合物的单胞(a)及沿[001]方向俯视结构图(b)

这种结构最有趣的特征在于其成分容忍度高，阳离子位置可由多种离子替代或者产生阳离子空位而不影响其结构稳定性。这样，根据电中性原理，如果采用二价的碱土金属离子部分替代结构中三价的稀土离子，并调整两者的比例，就可以产生不同的阳离子或阴离子缺陷，而且可以在一定程度上调节其点缺陷浓度，从而实现对材料热物理性能的调控。目前，该体系化合物主要作为固体燃料电池的电解质材料而得到广泛研究，尚无热物理性能方面的报道。

为此，通过材料成分设计，确定一系列对应于不同缺陷种类或浓度的通式为 $Gd_{8+x}Ca_{2+y}(SiO_4)_6O_{2+3x/2+y}$ 的成分点，采用化学共沉淀法合成该系列化合物，并研究各种点缺陷对材料热导率的影响。

2. 晶体结构设计及空位调控

在 $Gd_{8+x}Ca_{2+y}(SiO_4)_6O_{2+3x/2+y}$ 体系化合物中，当 $x=0$，$y=0$ 时，化合物 $Gd_8Ca_2(SiO_4)_6O_2$ 处于化学计量比位置，晶体中所有的晶体学位置均被占据，理论上没有任何非本征点缺陷，可以作为材料成分设计的原点以及性能变化研究的对比点。

以 $Gd_8Ca_2(SiO_4)_6O_2$ 为原点往左，$x<0$ 时，Gd^{3+} 含量减少，这时调整 Ca^{2+} 含量，可得到氧离子空位或阳离子空位。为研究每种点缺陷对热传导性能的影响，在本节成分设计中避免在同一种材料中产生一种以上的点缺陷，因此使 y 随 x 减小而同步增大，$|y|=|x|$，理论上所有阳离子位置都被填满，而 O4 离子含量逐渐减少以保持电中性。这样，该侧样品晶体结构中就只存在氧离子空位缺陷，且缺陷浓度随 x 的减小而增大。此外，在磷灰石结构中，A1 离子位置虽然处于较大的通道中，但因为存在 O4 离子，其实际位置空间要小于处于较小的通道中的 A2 离子位置；而且由于 A1 离子位置附近的 O4 离子不属于任何一个 SiO_4 四面体，形成“自由氧离子”，而 A2 离子位置的配位氧原子均属于 SiO_4 四面体，这样使得 A1 离子位置处的平均电价高于 A2 离子位置[49]。因此，在 $Gd_{8+x}Ca_{2+y}(SiO_4)_6O_{2+3x/2+y}$ 体系化合物中离子半径较小、电价较高的 Gd^{3+} 优先占据 A1 离子位置，而离子半径较大、电价较低的 Ca^{2+} 通常位于 A2 离子位置，阳离子空位也优先出现在 A2 离子位置。基于这样的认识，为防止 Ca^{2+} 的析出，将原点左侧的成分边界设定在 Ca^{2+} 完全占据 A2 离子位置的成分点，即 $Gd_6Ca_4(SiO_4)_6O$（$x=-2$，$y=2$）。

在成分原点右侧，$x>0$ 时，Gd^{3+} 含量增加，此时调节 Ca^{2+} 含量可得到氧离子空位、阳离子空位和氧离子间隙。为得到单一点缺陷，此处将右侧成分分为两段，前段通过调整 Ca^{2+} 含量使得 O4 离子含量保持化学计量比，即不产生氧离子空位，而根据电中性原理，此时阳离子的含量应小于晶体学位置数，即产生阳离子空位，此段边界在成分点 $Gd_{9.33}(SiO_4)_6O_2$，此时 Gd^{3+} 含量刚好维持 O4 离子含量保持化学计量比，不含 Ca^{2+}；后段则使阳离子位置全部被占满，此时 Gd^{3+} 含量的增加造成 O^{2-} 的过量，使其以氧离子间隙的形式出现在 O4 离子附近成为 O5 离子，该系列成分可以是 $Gd_{10-z}Ca_z(SiO_4)_6O_{3-z/2}(0\leqslant z<2)$，此处只研究 $Gd_{10}(SiO_4)_6O_3$。

上述成分设计总结如表 2.8 所示，其中列出了该系列化合物中可能出现的缺陷种类以及缺陷浓度。可以看出，除成分原点外，每种成分中有且仅有一种点缺陷，这样就排除了多种点缺陷的相互影响，能够研究多种单一点缺陷对材料热物理性能的影响。各成分点按照 x 的增大分别标记为成分 1～7。

表 2.8　材料成分设计总结

化学式	x	y	可能的缺陷种类	缺陷浓度/(个/单胞)	标记
$Gd_6Ca_4(SiO_4)_6O$	−2	2	氧离子空位	1	1
$Gd_7Ca_3(SiO_4)_6O_{1.5}$	−1	1		1/2	2
$Gd_8Ca_2(SiO_4)_6O_2$	0	0	—	0	3
$Gd_{8.33}Ca_{1.5}(SiO_4)_6O_2$	1/3	−1/2	阳离子空位	1/6	4
$Gd_{8.67}Ca(SiO_4)_6O_2$	2/3	−1		1/3	5
$Gd_{9.33}(SiO_4)_6O_2$	4/3	−2		2/3	6
$Gd_{10}(SiO_4)_6O_3$	2	−2	氧离子间隙	1	7

2.2.2　空位可调控稀土硅酸盐化合物

1. 成分及结构设计

氧离子空位在获得低热导率材料方面有重要意义。Klemens[50]理论研究表明，氧离子空位导致的原子缺失和原子键缺失加强了声子散射，对于低热导率材料有重要作用。如前所述，稀土硅酸盐氧基磷灰石具有可通过调节阳离子数以调控空位浓度的特点。因此选择热导率最低的 $Gd_{9.33}(SiO_4)_6O_2$ 材料，对其进行阳离子数调控，调控化学式为 $Gd_{10-x}(SiO_4)_6O_{3-1.5x}$ (x=0，0.67，1，1.33)。理论上，随着 x 的增加，材料的阳离子空位和氧离子空位浓度都可能增加，有望降低热导率。

2. 热导率

图 2.49 为 $Gd_{10-x}(SiO_4)_6O_{3-1.5x}$ 体系的热导率与温度的关系曲线。可以看出，除 $Gd_{9.33}(SiO_4)_6O_2$ 的热导率几乎与温度不相关外，$Gd_{10-x}(SiO_4)_6O_{3-1.5x}$ 体系其他成分的热导率呈典型的随着温度升高而降低的趋势。其中 $Gd_{10}(SiO_4)_6O_3$ 的热导率最高，$Gd_{9.33}(SiO_4)_6O_2$ 的热导率最低，两种理论上阳离子空位和氧离子空位都更高的 $Gd_9(SiO_4)_6O_{1.5}$ 与 $Gd_{8.67}(SiO_4)_6O$ 的热导率均高于 $Gd_{9.33}(SiO_4)_6O_2$。推测其原因如下：首先，$Gd_{10}(SiO_4)_6O_3$ 中不存在任何空位，而在每个晶胞中存在 1 个氧间隙，因此声子散射最弱；$Gd_{10-x}(SiO_4)_6O_{3-1.5x}$ 体系中最稳定的物质为 $Gd_{9.33}(SiO_4)_6O_2$，随着阳离子数的进一步减少，也开始出现氧离子空位，且当氧离子空位浓度增加到一定值时，阳离子空位和氧离子空位将发生缔合，使得空位浓度无法达到理论上的 $Gd_9(SiO_4)_6O_{1.5}$ 晶胞中 1 个阳离子空位和 0.5 个氧离子空位、$Gd_{8.67}(SiO_4)_6O$ 晶胞中 1.33 个阳离子空位和 1 个氧离子空位的理想状态。随着阳离子数的减少，这种缔合程度加大，因而从 $Gd_{9.33}(SiO_4)_6O_2$ 到 $Gd_{8.67}(SiO_4)_6O$

的热导率反而逐渐升高。

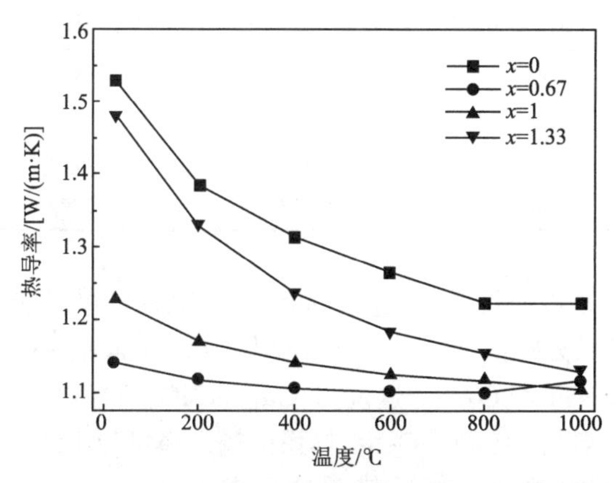

图 2.49　$Gd_{10-x}(SiO_4)_6O_{3-1.5x}$ 体系的热导率与温度的关系曲线

$Gd_{10-x}(SiO_4)_6O_{3-1.5x}$ 体系的热导率随成分的变化趋势与 Cahill 模型接近。从图 2.50 所示的 $Gd_{10-x}(SiO_4)_6O_{3-1.5x}$ 体系声子平均自由程中也可以看出，从 $Gd_{9.33}(SiO_4)_6O_2$ 到 $Gd_{8.67}(SiO_4)_6O$ 有相似的变化趋势，说明以上推论具有可行性。$Gd_{9.33}(SiO_4)_6O_2$ 的声子平均自由程最小，对声子的散射强度最高，$Gd_9(SiO_4)_6O_{1.5}$ 与 $Gd_{8.67}(SiO_4)_6O$ 次之。

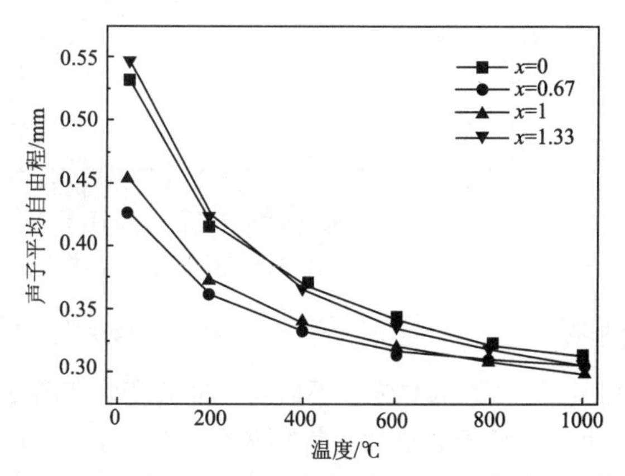

图 2.50　$Gd_{10-x}(SiO_4)_6O_{3-1.5x}$ 体系的声子平均自由程与温度的关系曲线

3. 弹性模量

采用超声波法测量弹性模量，进而计算得到声子平均速度。$Gd_{10-x}(SiO_4)_6O_{3-1.5x}$ 体系声子速度如表 2.9 所示，结果表明 $Gd_{10-x}(SiO_4)_6O_{3-1.5x}$ 体系声子平均速度较小，要低于 7YSZ[41]和 $Gd_2Zr_2O_7$[51]。

表 2.9　$Gd_{10-x}(SiO_4)_6O_{3-1.5x}$体系声子速度与杨氏模量

物质	横波声速/(m/s)	纵波声速/(m/s)	声子平均速度/(m/s)	杨氏模量/GPa
$Gd_{8.67}(SiO_4)_6O$	3051.6	5766.3	3410.9	153.0
$Gd_9(SiO_4)_6O_{1.5}$	3020.3	5708.8	3376.1	152.0
$Gd_{9.33}(SiO_4)_6O_2$	2958.4	5714.0	3311.6	148.5
$Gd_{10}(SiO_4)_6O_3$	3025.3	5657.8	3379.1	155.4

化学键强度和密度决定声子速度，同时化学键强度可以通过弹性模量衡量。表 2.9 也列出了各成分的杨氏模量。可以看出 $Gd_{10-x}(SiO_4)_6O_{3-1.5x}$体系的杨氏模量也低于 7YSZ[42]和 $Gd_2Zr_2O_7$[51]。这说明 $Gd_{10-x}(SiO_4)_6O_{3-1.5x}$ 体系的原子间作用力小，化学键弱。将 $Gd_{10-x}(SiO_4)_6O_{3-1.5x}$体系的杨氏模量与 x 的关系绘制成图 2.51，可以看出随着 x 的增加，杨氏模量先降低后升高，存在一个转折变化，$Gd_{9.33}(SiO_4)_6O_2$的杨氏模量最低。

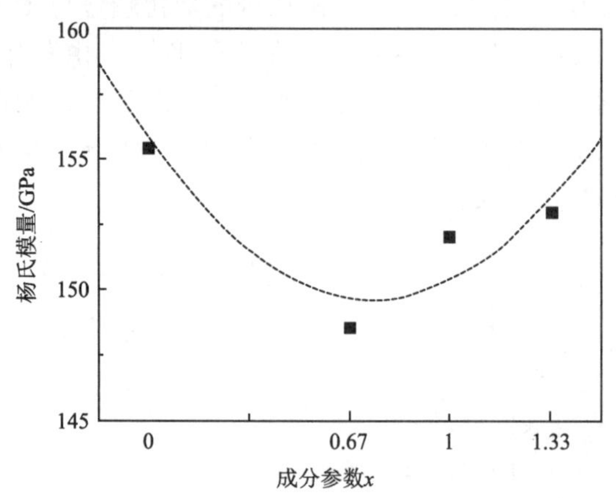

图 2.51　$Gd_{10-x}(SiO_4)_6O_{3-1.5x}$体系的杨氏模量与 x 的关系曲线

4. 热膨胀系数

$Gd_{10-x}(SiO_4)_6O_{3-1.5x}$体系的热膨胀系数随温度的变化如图 2.52 所示。可以看到，随着 x 的减小，阳离子数增加，热膨胀系数变大。1200℃时热膨胀系数由 $8.53\times10^{-6}K^{-1}$ 增大为 $9.03\times10^{-6}K^{-1}$，这主要由原子数密度导致。从微观上看，固体热膨胀是固体中相邻原子间平均距离增大的体现。晶体中两个相邻原子间的势能是原子间距的函数，即势能曲线，而该势能曲线是非对称性的。常温下原子具有一定的振动能量，该振动能量维持着相邻原子在平衡位置附近改变。由于势能曲线的非对称性，相邻原子间平均距离大于平衡距离；而随着温度的升高，原子振动的能量增大，因此相邻原子间的平均距离越来越大，导致固体的热膨胀。对于相似成分的物质，当每两个相邻原子间的距离变化相近时，其原子数密度越

大，则整体的膨胀量将越大，热膨胀系数也就越大。

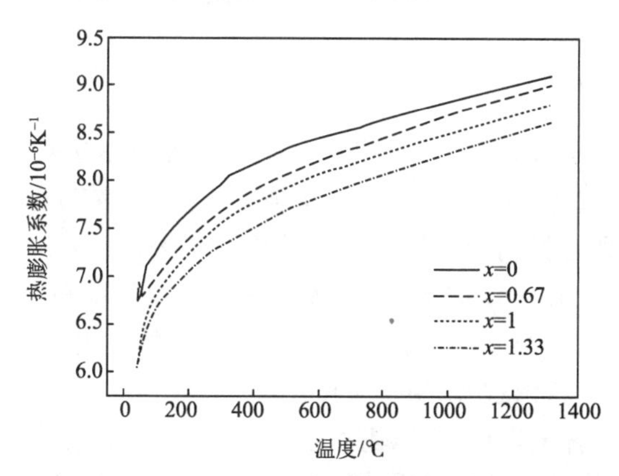

图 2.52　$Gd_{10-x}(SiO_4)_6O_{3-1.5x}$ 体系的热膨胀系数与温度的关系曲线

从 $Gd_{10-x}(SiO_4)_6O_{3-1.5x}$ 体系的分子结构可以计算出其原子摩尔数密度，如表 2.10 所示，随着阳离子数的增大，原子摩尔数密度单调增加，因而热膨胀系数单调增大。$Gd_{10-x}(SiO_4)_6O_{3-1.5x}$ 体系 1200℃的热膨胀系数与原子摩尔数密度的关系如图 2.53 所示。从图 2.53 中可以看到，热膨胀系数与原子摩尔数密度存在良好的线性关系。但 $Gd_{10}(SiO_4)_6O_3$ 除外，其热膨胀系数虽然增加，但增加量要低于线性增加量，这可能是由于其晶体结构中存在氧间隙而影响了晶体结构。

表 2.10　$Gd_{10-x}(SiO_4)_6O_{3-1.5x}$ 体系的原子摩尔数密度

物质	原子摩尔数密度/(mol/cm^3)
$Gd_{8.67}(SiO_4)_6O$	0.124
$Gd_9(SiO_4)_6O_{1.5}$	0.127
$Gd_{9.33}(SiO_4)_6O_2$	0.130
$Gd_{10}(SiO_4)_6O_3$	0.135

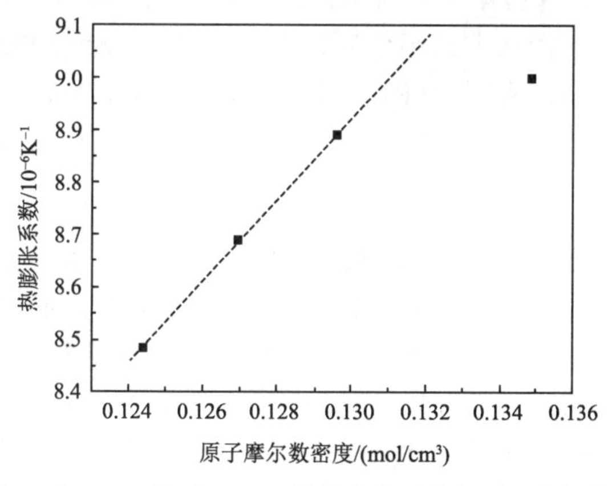

图 2.53　$Gd_{10-x}(SiO_4)_6O_{3-1.5x}$ 体系 1200℃的热膨胀系数与原子摩尔数密度的关系曲线

2.2.3 稀土系列硅酸盐阳离子空位型化合物

1. 成分及结构设计

Clarke 等[52, 53]根据金刚石、氧化铍、氮化铝等高热导率材料的共同特点(原子质量低、高方向性共价键连接、结合键强度高、缺陷浓度低、晶体结构混乱度小等)，提出一系列选择指导方针，认为低热导率陶瓷材料应有以下特点：分子质量高、晶体结构复杂、结合键弱，以及具有高的混乱度和变形结构。玻璃是一种符合这些结构特点的典型材料，其晶体结构中共角连接的 SiO_4 四面体单元可灵活旋转，声子平均自由程被 SiO_4 四面体结构尺寸限制，导致其具有低的热导率[54, 55]。然而还没有发现任何硅酸盐玻璃能在高温下稳定存在。但是，这给予我们一条线索：寻找具有类似结构的高熔点材料。硅酸盐氧基磷灰石具有不同的晶体结构，但同样含有 SiO_4 四面体结构，且 SiO_4 四面体单元独立堆积而不直接相连，具有更大的灵活性。燃料电池方面研究表明，稀土硅酸盐氧基磷灰石在高温下稳定存在[56, 57]。而自从 20 世纪 70 年代初 Hopkins 等[58, 59]研究了 $Ca_5(PO_4)_3F$ 氟磷灰石和 $Ca_2La_8(SiO_4)_6O_2$ 硅酸盐氧基磷灰石单晶的热学性能后，就几乎没有任何关于磷灰石作为低热导率材料的后续研究了。

稀土硅酸盐氧基磷灰石的通式为 $RE_{10-x}(SiO_4)_6O_{3-1.5x}$，其中 RE 可以为一种或几种稀土元素或稀土元素与其他元素的组合，Si 晶格位置也可置换成它的同位素或其他元素，加上 x 的变化性，稀土硅酸盐氧基磷灰石晶体中可以按不同的要求引入各种缺陷，晶体结构缺陷具有可调性，对其进行热学性能的研究有重要意义。然而要制备高纯度、高致密度的稀土硅酸盐氧基磷灰石仍然存在各种困难，$RE_{10-x}(SiO_4)_6O_{3-1.5x}$ 中极易出现 $RE_2Si_2O_7$ 与 RE_2SiO_5 杂质相[46]。

本节首先选择化学稳定性高的稀土硅酸盐氧基磷灰石 $RE_{9.33}(SiO_4)_6O_2$ 为研究对象，其 RE 位存在本征空位缺陷，每个晶胞中存在 0.67 个 RE^{3+}阳离子空位。稀土元素按半径从大到小依次选择 La、Nd、Sm、Gd、Dy，调节工艺参数制备高纯度、高致密度的 $RE_{9.33}(SiO_4)_6O_2$ 体系，并对其热力学性质进行初步研究。

2. 热导率

$RE_{9.33}(SiO_4)_6O_2$ 体系的热扩散系数与温度的变化曲线如图 2.54 所示。$La_{9.33}(SiO_4)_6O_2$ 和 $Gd_{9.33}(SiO_4)_6O_2$ 的热扩散系数随着温度的升高单调降低，然而 $Nd_{9.33}(SiO_4)_6O_2$、$Sm_{9.33}(SiO_4)_6O_2$ 和 $Dy_{9.33}(SiO_4)_6O_2$ 的热扩散系数先随着温度的升高而降低，而在 600℃之后却又缓慢升高，有研究表明这是由高温热辐射导致[54, 60, 61]。$La_{9.33}(SiO_4)_6O_2$ 和 $Gd_{9.33}(SiO_4)_6O_2$ 中的热辐射作用相对较小。在 600℃

之前，由于没有受到热辐射的影响，热扩散系数从 $La_{9.33}(SiO_4)_6O_2$ 到 $Dy_{9.33}(SiO_4)_6O_2$ 逐渐降低，而 600℃之后，$Gd_{9.33}(SiO_4)_6O_2$ 的热扩散系数最低。还可以看到，在整个温度范围内，$Dy_{9.33}(SiO_4)_6O_2$ 的热扩散系数变化非常小，变化幅度不超过 $0.05mm^2/s$。

通过纽曼-科普定律计算得到比热容，结合阿基米德排水法测得的密度，以及以上激光散射法测定的热扩散系数，计算得到 $RE_{9.33}(SiO_4)_6O_2$ 体系的热导率，如图 2.55 所示，7YSZ、$Gd_2Zr_2O_7$ 和 Ba_2ErAlO_5 的热导率[51, 52]也作于其中用于比较。$La_{9.33}(SiO_4)_6O_2$ 和 $Gd_{9.33}(SiO_4)_6O_2$ 的热导率随着温度升高缓慢降低；$Nd_{9.33}(SiO_4)_6O_2$ 和 $Sm_{9.33}(SiO_4)_6O_2$ 的热导率在 600℃之后稍微升高；然而 $Dy_{9.33}(SiO_4)_6O_2$ 的热导率却随着温度升高异于寻常地单调升高。$Dy_{9.33}(SiO_4)_6O_2$ 的热导率随温度升高而升高的主要原因为 $Dy_{9.33}(SiO_4)_6O_2$ 的热扩散系数随着温度升高变化很小，如图 2.54 所示，因此其比热容随温度的变化将决定 $Dy_{9.33}(SiO_4)_6O_2$ 的热导率变化趋势，而比热容随着温度升高而升高，因而 $Dy_{9.33}(SiO_4)_6O_2$ 的热导率随着温度升高而单调升高，当然，600℃之后热导率的升高还有热辐射作用的贡献，因而热导率升高幅度更大。

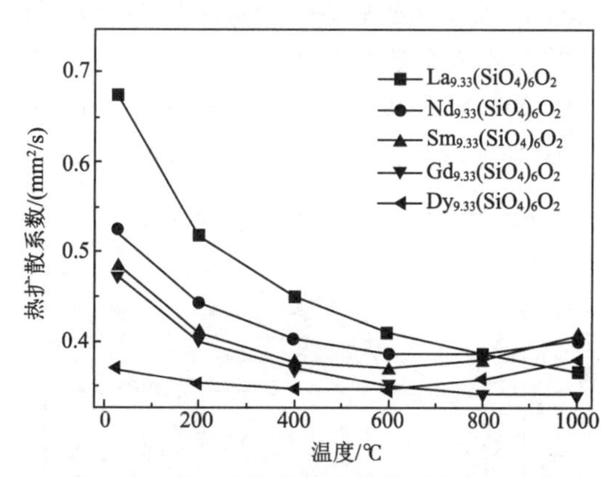

图 2.54 $RE_{9.33}(SiO_4)_6O_2$ 体系的热扩散系数与温度的关系曲线

通过图 2.55 还可以看到，$RE_{9.33}(SiO_4)_6O_2$ 体系的热导率极低，而且随温度的变化范围不大，尤其是 $Gd_{9.33}(SiO_4)_6O_2$ 材料在室温至 1000℃的热导率为 1.10～1.14W/(m·K)，其热导率的温度稳定性比 7YSZ 还好。值得重视的是，$RE_{9.33}(SiO_4)_6O_2$ 体系的热导率明显低于 7YSZ 和 $Gd_2Zr_2O_7$，甚至低于 Ba_2ErAlO_5(这被认为是具有最低热导率的高温稳定氧化物[51])，显示了低热导率高温稳定氧化物的重要进步。室温下，$Dy_{9.33}(SiO_4)_6O_2$ 具有最低的热导率[0.96W/(m·K)]；而高温下，$Gd_{9.33}(SiO_4)_6O_2$ 具有最低的热导率[1.10W/(m·K)]。

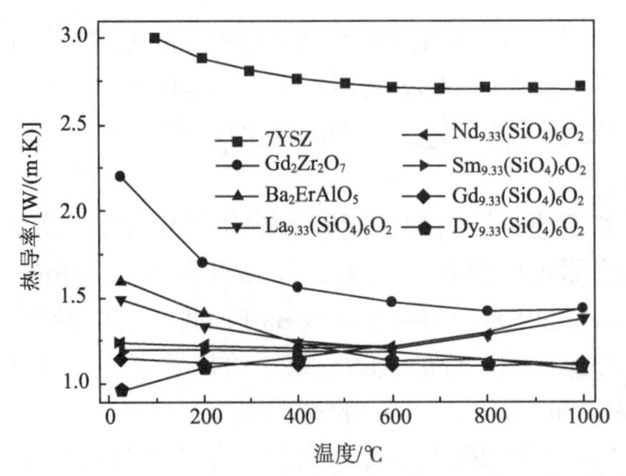

图 2.55 $RE_{9.33}(SiO_4)_6O_2$ 体系的热导率与温度的关系曲线

3. 热膨胀系数

图 2.56 为 $RE_{9.33}(SiO_4)_6O_2$ 体系的热膨胀系数与温度的变化，可以看到，随着稀土离子半径的减小，1000 ℃以上时热膨胀系数由 $La_{9.33}(SiO_4)_6O_2$ 到 $Sm_{9.33}(SiO_4)_6O_2$ 逐渐增大，然后到 $Dy_{9.33}(SiO_4)_6O_2$ 又减小。为了将 $RE_{9.33}(SiO_4)_6O_2$ 体系的热膨胀系数与其他材料进行比较，计算 $RE_{9.33}(SiO_4)_6O_2$ 体系在 40～1200℃的平均热膨胀系数，为 8.86×10^{-6}～$9.17\times10^{-6}K^{-1}$，低于 7YSZ 的热膨胀系数($10.51\times10^{-6}K^{-1}$)和 $Gd_2Zr_2O_7$ 的热膨胀系数($11.50\times10^{-6}K^{-1}$)[62]。

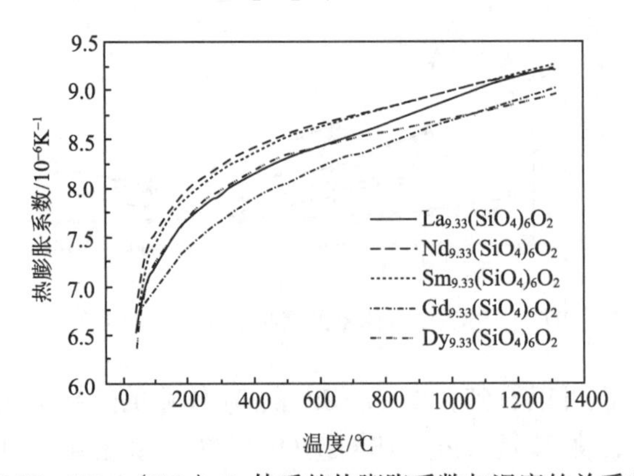

图 2.56 $RE_{9.33}(SiO_4)_6O_2$ 体系的热膨胀系数与温度的关系曲线

参 考 文 献

[1] Cao X Q, Vassen R, Stoever D. Ceramic materials for thermal barrier coatings[J]. Journal of the European Ceramic Society, 2004, 24(1): 1-10.

[2] Scott H G. Phase relationships in the zirconia-yttria system[J]. Journal of Materials Science, 1975, 10(9): 1527-1537.

[3] Krogstad J A, Krämer S, Lipkin D M, et al. Phase stability of t'-zirconia-based thermal barrier coatings: Mechanistic insights[J]. Journal of the American Ceramic Society, 2011, 94(S1): 168-177.

[4] Vaidya A, Srinivasan V, Streibl T, et al. Process maps for plasma spraying of yttria-stabilized zirconia: An integrated approach to design, optimization and reliability[J]. Materials Science and Engineering: A, 2008, 497(1-2): 239-253.

[5] Feuerstein A, Knapp J, Taylor T, et al. Technical and economical aspects of current thermal barrier coating systems for gas turbine engines by thermal spray and EBPVD: A review[J]. Journal of Thermal Spray Technology, 2008, 17(2): 199-213.

[6] Schaedler T A, Leckie R M, Krämer S, et al. Toughening of nontransformable t'-YSZ by addition of titania[J]. Journal of the American Ceramic Society, 2007, 90(12): 3896-3901.

[7] Schlichting K W , Padture N P, Klemens P G. Thermal conductivity of dense and porous yttria-stabilized zirconia[J]. Journal of Materials Science, 2001, 36(12): 3003-3010.

[8] Hayashia H. Thermal expansion coefficient of yttria stabilized zirconia for various yttria contents[J]. Solid State Ionics, 2005, 176(5-6): 613-619.

[9] Darolia R. Thermal barrier coatings technology: Critical review, progress update, remaining challenges and prospects[J]. International Materials Reviews, 2013, 58(6): 315-348.

[10] Lipkin D M, Krogstad J A, Gao Y, et al. Phase evolution upon aging of air-plasma sprayed t'-zirconia coatings: I. Synchrotron X-ray diffraction[J]. Journal of the American Ceramic Society, 2013, 96(1): 290-298.

[11] Fabrichnaya O, Wang C, Zinkevich M, et al. Phase equilibria and thermodynamic properties of the ZrO_2-$GdO_{1.5}$-$YO_{1.5}$ system[J]. Journal of Phase Equilibria and Diffusion, 2005, 26(6): 591-604.

[12] Yashima M, Kakihana M, Yoshimura M. Metastable-stable phase diagrams in the zirconia-containing systems utilized in solid-oxide fuel cell application[J]. Solid State Ionics, 1996, 86-88(P2): 1131-1149.

[13] Krogstad J A, Leckie R M, Kraemer S, et al. Phase evolution upon aging of air plasma sprayed t'-zirconia coatings: II. Microstructure evolution[J]. Journal of the American Ceramic Society, 2013, 96(1): 299-307.

[14] Ren X, Pan W. Mechanical properties of high-temperature-degraded yttria-stabilized zirconia[J]. Acta Materialia, 2014, 69: 397-406.

[15] Lughi V, Clarke D R. High temperature aging of YSZ coatings and subsequent transformation at low temperature[J]. Surface and Coatings Technology, 2005, 200(5-6): 1287-1291.

[16] Klemens P G. The thermal conductivity of dielectric solids at low temperatures - Theoretical[J]. Proceedings of the Royal Society A, 1951, 208(1092): 108-133.

[17] 刘占国, 欧阳家虎, 夏校良, 等. 新型稀土锆酸盐材料研究进展[J]. 中国材料进展, 2011, 30(1): 32-40.

[18] 唐新德, 叶红齐, 马晨霞, 等. 烧绿石型复合氧化物的结构、制备及其光催化性能[J]. 化学进展, 2009, 21(10): 2100-2114.

[19] Feng J, Xiao B, Wan C L, et al. Electronic structure, mechanical properties and thermal

conductivity of $Ln_2Zr_2O_7$ (Ln = La, Pr, Nd, Sm, Eu and Gd) pyrochlore[J]. Acta Materialia, 2011, 59(4): 1742-1760.

[20] Sparks T D, Fuierer P A, Clarke D R. Anisotropic thermal diffusivity and conductivity of La-doped strontium niobate $Sr_2Nb_2O_7$[J]. Journal of the American Ceramic Society, 2010, 93(4): 1136-1141.

[21] Wan C, Sparks T D, Wei P, et al. Thermal conductivity of the rare-earth strontium aluminates[J]. Journal of the American Ceramic Society, 2010, 93(5): 1457-1460.

[22] Rahaman M N, Gross J R, Dutton R E, et al. Phase stability, sintering, and thermal conductivity of plasma-sprayed ZrO_2-Gd_2O_3 compositions for potential thermal barrier coating applications[J]. Acta Materialia, 2006, 54(6): 1615-1621.

[23] Kutty K, Rajagopalan S, Mathews C K, et al. Thermal expansion behavior of some rare-earth pyrochlores[J]. Materials Research Bulletin, 1994, 29(7): 759-766.

[24] Lehmann H, Pitzer D, Pracht G, et al. Thermal conductivity and thermal expansion coefficients of the lanthanum rare-earth-element zirconate system[J]. Journal of the American Ceramic Society, 2003, 86(8): 1338-1344.

[25] Wan C L, Pan W, Xu Q, et al. Effect of point defects on the transport properties of $(La_xGd_{1-x})_2Zr_2O_7$: Experiment and theoretical model[J]. Physical Review B, 2006, 74(14): 144109.

[26] Wan C L, Zhang W, Wang Y F, et al. Glass-like thermal conductivity in ytterbium-doped lanthanum zirconate pyrochlore[J]. Acta Materialia, 2010, 58(18): 6166-6172.

[27] 徐强. 稀土锆酸盐热障涂层陶瓷材料的研究[R]. 北京: 清华大学, 2005.

[28] Pan W, Wan C L, Xu Q, et al. Thermal diffusivity of samarium-gadolinium zirconate solid solutions[J]. Thermochimica Acta, 2007, 455(1-2): 16-20.

[29] Liu Z G, Ouyang J H, Zhou Y, et al. Electrical conductivity and thermal expansion of neodymium-ytterbium zirconate ceramics[J]. Journal of Power Sources, 2010, 195(10): 3261-3265.

[30] Wang J D, Pan W, Xu Q. Synthesis and thermal expansion of the rare-earth zirconate ceramics[J]. Rare Metal materials and engineering, 2005, 34(Sl): 581-583.

[31] Kennedy B. Structural and bonding trends in tin pyrochlore oxides[J]. Journal of Solid State Chemistry, 1997, 130(1): 58-65.

[32] Vandenborre M T, Husson E, Chatry J P, et al. Rare-earth titanates and stannates of pyrochlore structure; vibrational spectra and force fields[J]. Journal of Raman Spectroscopy, 1983, 14(2): 63-71.

[33] Vandenborre M T, Husson E. Comparison of the force field in various pyrochlore families. I. The $A_2B_2O_7$ oxides[J]. Journal of Solid State Chemistry, 1983, 50(3): 362-371.

[34] Schelling P K, Phillpot S R, Grimes R W. Optimum pyrochlore compositions for low thermal conductivity[J]. Philosophical Magazine Letters, 2004, 84(2): 127-137.

[35] Pannetier J. Energie electrostatique des reseaux pyrochlore[J]. Journal of Physics and Chemistry of Solids, 1973, 34(4): 583-589.

[36] Gale J D, Rohl A L. The General Utility Lattice Program (GULP)[J]. Molecular Simulation, 2003, 29(5): 291-341.

[37] Perrière L, Bregiroux D, Naitali B, et al. Microstructural dependence of the thermal and mechanical properties of monazite $LnPO_4$ (Ln = La to Gd)[J]. Journal of the European Ceramic Society, 2007, 27(10): 3207-3213.

[38] Kovba L M, Lykova L N, Antipov E V, et al. The BaO-Ln_2O_3-Al_2O_3 system[J]. Russian Journal of Inorganic Chemistry, 1984, 29(1): 1794-1797.

[39] 黄昆. 固体物理学[M]. 北京: 高等教育出版社, 1988.

[40] Kittle C. Introduction to Solid State Physics[M]. New York: Willey, 1996.

[41] Cahill D G, Watson S K, Pohl R O. Lower limit to the thermal conductivity of disordered crystals[J]. Physical Review B, 1992, 46(10): 6131-6140.

[42] Wu J, Wei X Z, Padture N P, et al. Low-thermal-conductivity rare-earth zirconates for potential thermal-barrier-coating applications[J]. Journal of the American Ceramic Society, 2002, 85(12): 3031-3035.

[43] Ternane R, Cohen-Adad M T, Boulon G, et al. Synthesis and characterization of new oxyboroapatite. Investigation of the ternary system CaO-P_2O_5-B_2O_3[J]. Solid State Ionics, 2003, 160(1-2): 183-195.

[44] Panteix P J, Julien I, Abelard P, et al. Influence of cationic vacancies on the ionic conductivity of oxyapatites[J]. Journal of the European Ceramic Society, 2008, 28(4): 821-828.

[45] Takahashi M, Uematsu K, Ye Z G, et al. Single-crystal growth and structure determination of a new oxide apatite, $NaLa_9(GeO_4)_6O_2$[J]. Journal of Solid State Chemistry, 1998, 139(2): 304-309.

[46] Bechade E, Julien I, Iwata T, et al. Synthesis of lanthanum silicate oxyapatite materials as a solid oxide fuel cell electrolyte[J]. Journal of the European Ceramic Society, 2008, 28(14): 2717-2724.

[47] Jones A, Slater P R, Islam M S. Local defect structures and ion transport mechanisms in the oxygen-excess apatite $La_{9.67}(SiO_4)_6O_{2.5}$[J]. Chemistry of Materials, 2008, 20(15): 5055-5060.

[48] Nakayama S, Kageyama T, Aono H, et al. Ionic conductivity of lanthanoid silicates, $Ln_{10}(SiO_4)_6O_3$ (Ln = La, Nd, Sm, Gd, Dy, Y, Ho, Er and Yb)[J]. Journal of Materials Chemistry, 1995, 5(11): 1801-1805.

[49] Boyer L, Piriou B, Carpena J, et al. Study of sites occupation and chemical environment of Eu^{3+} in phosphate-silicates oxyapatites by luminescence[J]. Journal of alloys and compounds, 2000, 311(2): 143-152.

[50] Klemens P G. Phonon scattering by oxygen vacancies in ceramics[J]. Physica B: Condensed Matter, 1999, 263(264): 102-104.

[51] Wan C L, Qu Z X, He Y, et al. Ultralow thermal conductivity in high anion-defective aluminates[J]. Physical Review Letters, 2008, 101(8): 085901.

[52] Clarke D R, Phillpot S R. Thermal barrier coating materials[J]. Materials Today, 2005, 8(6): 22-29.

[53] Clarke D R. Materials selection guidelines for low thermal conductivity thermal barrier coatings[J]. Surface and Coatings Technology, 2003, 163(164): 67-74.

[54] Winter M R, Clarke D R. Thermal conductivity of yttria-stabilized zirconia-hafnia solid solutions[J]. Acta Materialia, 2006, 54(19): 5051-5059.

[55] Kittel C. Interpretation of the thermal conductivity of glass[J]. Physical Review, 1949, 75(6):

972-974.

[56] Christensen A N, Hazell R G, Hewat A W. Synthesis, crystal growth and structure investigations of rare-earth disilicates and rare-earth oxyapatites[J]. Acta Chemica Scandinavica, 1997, 51(1): 37-43.

[57] Masubuchi Y, Higuchi M, Takeda T, et al. Oxide ion conduction mechanism in $RE_{9.33}(SiO_4)_6O_2$ and $Sr_2RE_8(SiO_4)_6O_2$ (RE=La, Nd) from neutron powder diffraction[J]. Solid State Ionics, 2006, 177(3-4): 263-268.

[58] Hopkins R H, Damon D H, Piotrowski P, et al. Thermal properties of synthetic fluorapatite crystals[J]. Journal of Applied Physics, 1971, 42(1): 272-275.

[59] Hopkins R H, Klerk J, Piotrowski P, et al. Thermal and elastic properties of silicate oxyapatite crystals[J]. Journal of Applied Physics, 1973, 44(6): 2456-2458.

[60] Friedrich C, Gadow R, Schirmer T. Lanthanum hexaaluminate-a new material for atmospheric plasma spraying of advanced thermal barrier coatings[J]. Journal of Thermal Spray Technology, 2001, 10(4): 592-598.

[61] Kingery W D. Introduction to Ceramic[M]. 2nd ed. New York: Wiley Interscience, 1976.

[62] 万春磊. 低热导率高稳定性热障涂层材料的研究[D]. 北京: 清华大学, 2008.

第 3 章　阳离子替代性氧化物的结构及性能

3.1　有限固溶体

3.1.1　共晶结构

从 XRD 结果(图 3.1)来看，$(La_{1/6}Yb_{5/6})_2Zr_2O_7$ 为以 $Yb_2Zr_2O_7$ 为基体的萤石结构单相，$(La_{5/6}Yb_{1/6})_2Zr_2O_7$ 主体为以 $La_2Zr_2O_7$ 为基体的焦绿石结构，$(La_{2/3}Yb_{1/3})_2Zr_2O_7$、$LaYbZr_2O_7$、$(La_{1/3}Yb_{2/3})_2Zr_2O_7$ 均为萤石结构和焦绿石结构的混合相。可以初步判断 $(La_{1-x}Yb_x)_2Zr_2O_7$ 中 Yb 的固溶极限为 $1/6<x<1/3$，而 $(La_{1-x}Yb_x)_2Zr_2O_7$ 中 La 的固溶极限为 $2/3<1-x<5/6$。从衍射峰峰位上来看，单相的固溶体成分比基体有所偏移，例如，$(La_{5/6}Yb_{1/6})_2Zr_2O_7$ 峰位比 $La_2Zr_2O_7$ 右移，是因为溶解了较小的 Yb 原子，而 $(La_{1/6}Yb_{5/6})_2Zr_2O_7$ 峰位比 $Yb_2Zr_2O_7$ 左移，是因为溶解了较大的 La 原子。而混合相中的两相峰位基本一致，而且分别与 $(La_{1/6}Yb_{5/6})_2Zr_2O_7$ 以及 $(La_{5/6}Yb_{1/6})_2Zr_2O_7$ 相似，表明混合相中的平衡相成分基本相同，而且分别和两种单相固溶体成分相似。

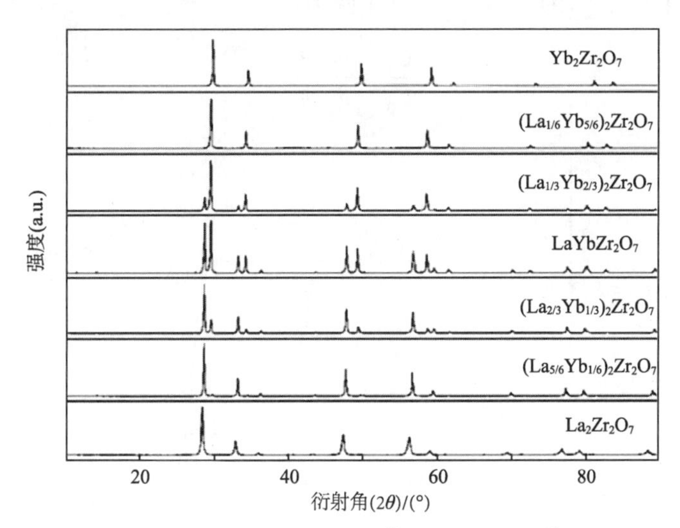

图 3.1　$(La_{1-x}Yb_x)_2Zr_2O_7$ 体系的 XRD 图谱

通过 XRD 的峰位数据计算出$(La_{1-x}Yb_x)_2Zr_2O_7$体系内各组分的晶体学参数，如图 3.2 所示。可以看到，单相固溶体的晶体学参数比基体有所变化，而混合相的两相晶体学参数在不同组分下基本一致，因为在两相混合相中富 La 相和富 Yb 相都达到其固溶极限，所以不同组分中两相成分是基本一致的。

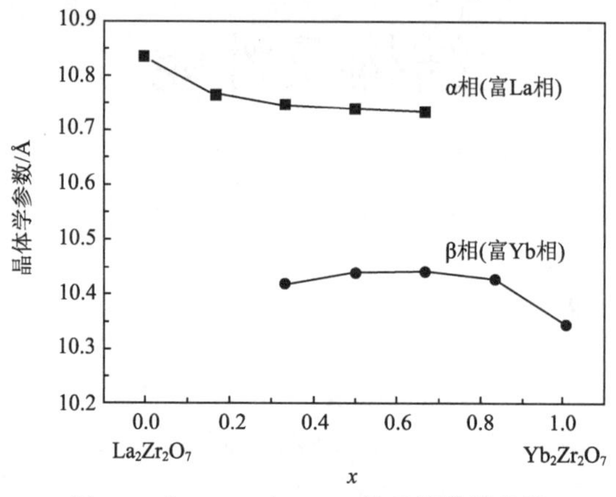

图 3.2　$(La_{1-x}Yb_x)_2Zr_2O_7$体系晶体学参数

由 XRD 分析可知，$(La_{2/3}Yb_{1/3})_2Zr_2O_7$、$LaYbZr_2O_7$、$(La_{1/3}Yb_{2/3})_2Zr_2O_7$均由富 La 以及富 Yb 的固溶体组成，但是这两相固溶体的具体成分未知，给理论密度计算以及其他性能分析带来不便。本节将结合相图以及 XRD 物相含量的定量分析方法求解固溶体的成分。

图 3.3 为$La_2Zr_2O_7$-$Yb_2Zr_2O_7$的示意性相图，其中 α 相和 β 相分别为富 La 和富 Yb 的固溶体，其室温下的平衡状态成分分别为 a、b。根据相律，对于实际成分为 m 的固溶体，α 相和 β 相的含量比例为

$$\frac{C_\alpha}{C_\beta}=\frac{m-b}{a-m} \tag{3-1}$$

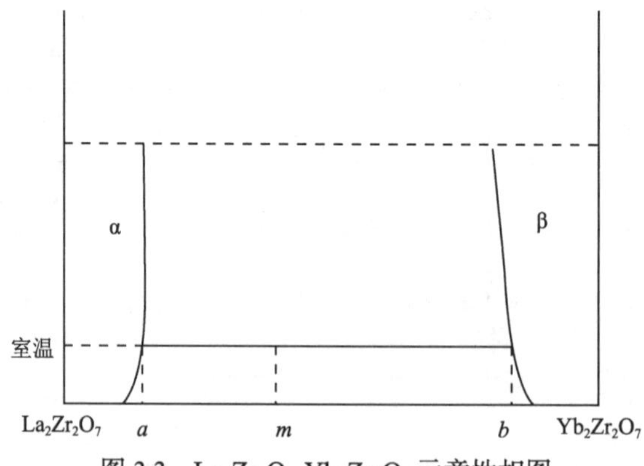

图 3.3　$La_2Zr_2O_7$-$Yb_2Zr_2O_7$示意性相图

同时 α 相和 β 相的含量比例也可以从 XRD 衍射峰强度比例得到。

图 3.4 为$(La_{1-x}Yb_x)_2Zr_2O_7$混合相组分局部 XRD 图谱，采用 α 相和 β 相的最强峰(222)和(111)作为比较，获得两者含量之比。α 相和 β 相结构有差异，因此对 X 射线的散射因子也会有差别，引入比例系数 η，在同一样品内两相含量之比正比于衍射峰强度之比：

$$\frac{C_\alpha}{C_\beta}=\eta\frac{I_{\alpha(222)}}{I_{\beta(111)}} \tag{3-2}$$

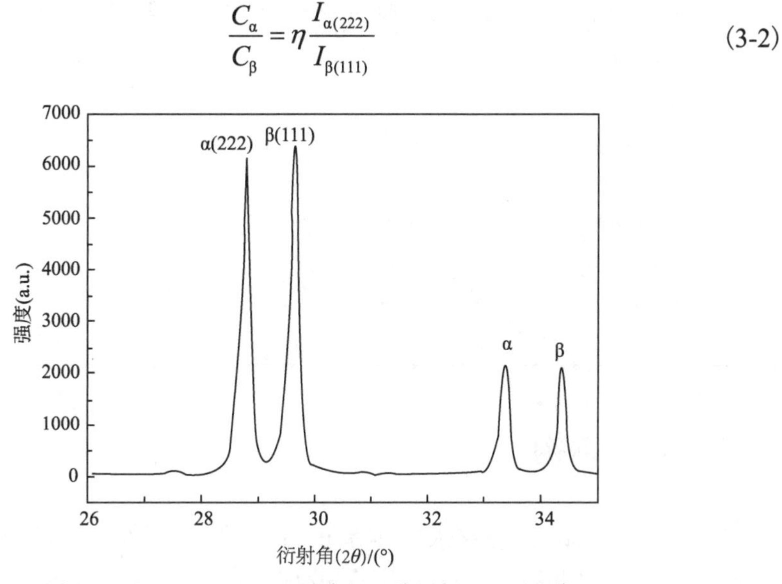

图 3.4　$(La_{1-x}Yb_x)_2Zr_2O_7$混合相组分局部 XRD 图谱

将式(3-1)和式(3-2)联立，得到

$$\frac{m-b}{a-m}=\eta\frac{I_{\alpha(222)}}{I_{\beta(111)}} \tag{3-3}$$

$(La_{2/3}Yb_{1/3})_2Zr_2O_7$、$LaYbZr_2O_7$、$(La_{1/3}Yb_{2/3})_2Zr_2O_7$ 中 α 相(222)衍射峰和 β 相(111)衍射峰强度如表 3.1 所示。

表 3.1　$(La_{2/3}Yb_{1/3})_2Zr_2O_7$、$LaYbZr_2O_7$、$(La_{1/3}Yb_{2/3})_2Zr_2O_7$ 中 α 相(222)衍射峰和 β 相(111)衍射峰强度

成分	m	$I_{\alpha(222)}$	$I_{\beta(111)}$
$(La_{2/3}Yb_{1/3})_2Zr_2O_7$	2/3	8877	2587
$LaYbZr_2O_7$	1/2	6206	6423
$(La_{1/3}Yb_{2/3})_2Zr_2O_7$	1/3	3253	11541

将表 3.1 中参数代入式(3-3)中，解得 a、b、η 分别为 0.7948、0.1932、1.0771。η 接近 1，说明 α 相和 β 相的 X 射线结构散射因子基本相似。a 和 b 对应的 x 分别为 0.2052 和 0.8068。

根据 a、b 计算出各混合相中的 α 相和 β 相含量，进而计算出理论密度，并同阿基米德排水法测量的实际密度比较，如表 3.2 所示。

表 3.2　$(La_{1-x}Yb_x)_2Zr_2O_7$ 体系实际密度、理论密度以及致密度

成分	实际密度/(g/cm³)	理论密度/(g/cm³)	致密度/%
$La_2Zr_2O_7$	5.857	6.000	97.6
$(La_{5/6}Yb_{1/6})_2Zr_2O_7$	6.091	6.233	97.7
$(La_{2/3}Yb_{1/3})_2Zr_2O_7$	6.317	6.455	97.9
$LaYbZr_2O_7$	6.584	6.655	98.9
$(La_{1/3}Yb_{2/3})_2Zr_2O_7$	6.747	6.860	98.4
$(La_{1/6}Yb_{5/6})_2Zr_2O_7$	7.016	7.378	95.1
$Yb_2Zr_2O_7$	7.410	7.702	96.2

3.1.2　微观结构

图 3.5 为 $(La_{1-x}Yb_x)_2Zr_2O_7$ 体系在 1600℃下热处理 10h 的表面形貌。$La_2Zr_2O_7$、$(La_{1/6}Yb_{5/6})_2Zr_2O_7$ 以及 $Yb_2Zr_2O_7$ 的平均晶粒尺寸相差不多，约为 5μm；$(La_{5/6}Yb_{1/6})_2Zr_2O_7$ 中出现了少量的第二相粒子，根据整个体系的情况，第二相应当也是含少量 La 的 $Yb_2Zr_2O_7$ 固溶体，但由于含量较小，XRD 无法检测出来。同样，由于含量较少，第二相粒子并没有明显影响 $(La_{5/6}Yb_{1/6})_2Zr_2O_7$ 的平均晶粒尺寸。但是 $(La_{2/3}Yb_{1/3})_2Zr_2O_7$、$LaYbZr_2O_7$、$(La_{1/3}Yb_{2/3})_2Zr_2O_7$ 的平均晶粒尺寸明显小于单相成分，达到 1～2μm，其中晶粒尺寸分布最均匀的是 $LaYbZr_2O_7$，达到 1μm。混合相的晶粒细化效应来源于 α 相和 β 相在晶粒生长过程中的相互抑制作用，α 相和 β 相都是达到固溶极限的固溶体，在热处理过程中两相之间传质困难，造成了晶粒生长时的相互竞争和抑制。对于 α 相和 β 相含量相当的 $LaYbZr_2O_7$，其抑制作用最为明显，因此平均晶粒尺寸最小。

由于实验条件是在 1600℃高温长时间退火，而实际热障涂层的工作温度往往在 1400℃左右，因此 $(La_{1-x}Yb_x)_2Zr_2O_7$ 混合相成分在实际使用过程中应当能够长期保持细晶结构，具备一定的抗烧结能力，同时这种细晶结构在硬度、韧性方面也有一定优势。

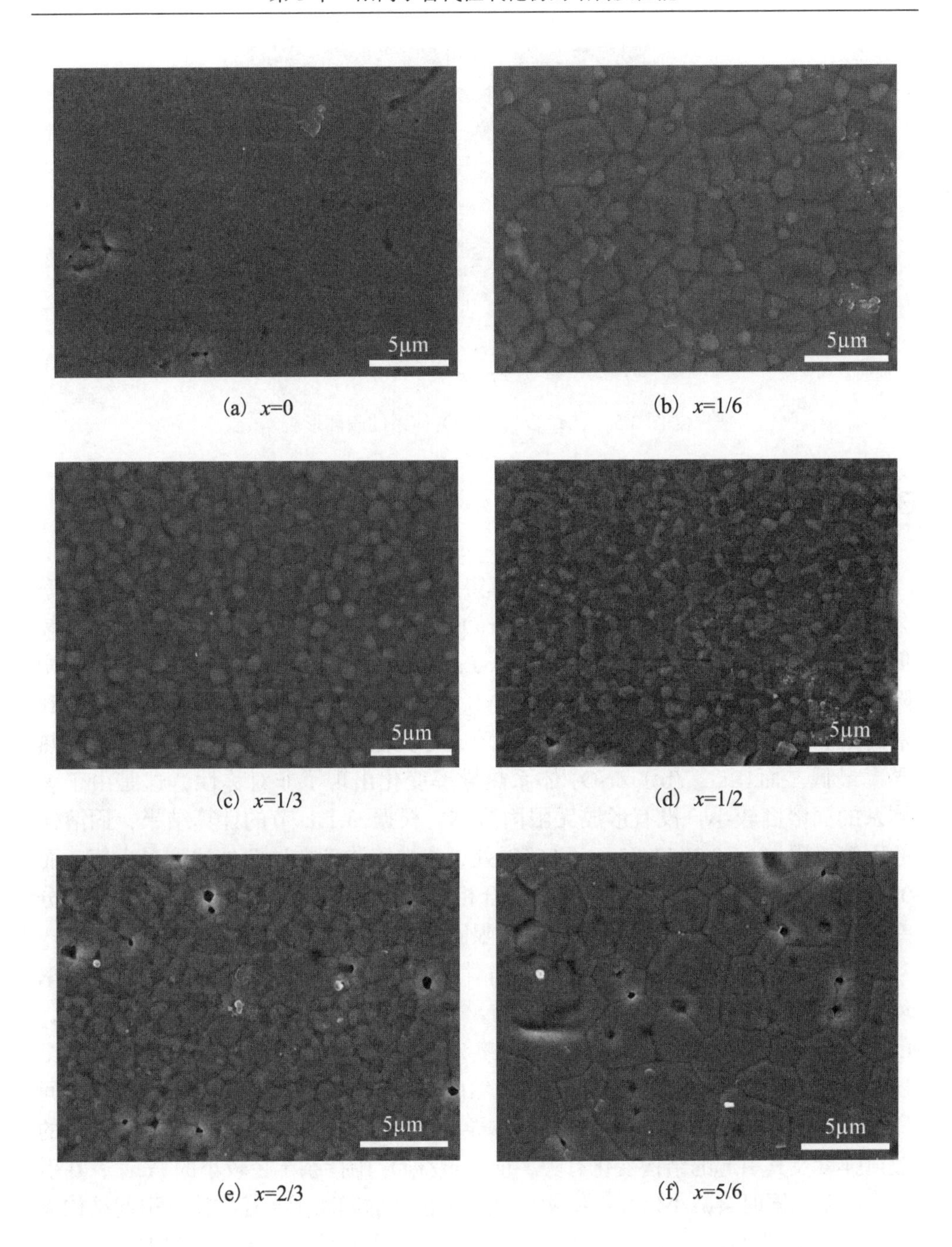

(a) x=0　(b) x=1/6　(c) x=1/3　(d) x=1/2　(e) x=2/3　(f) x=5/6

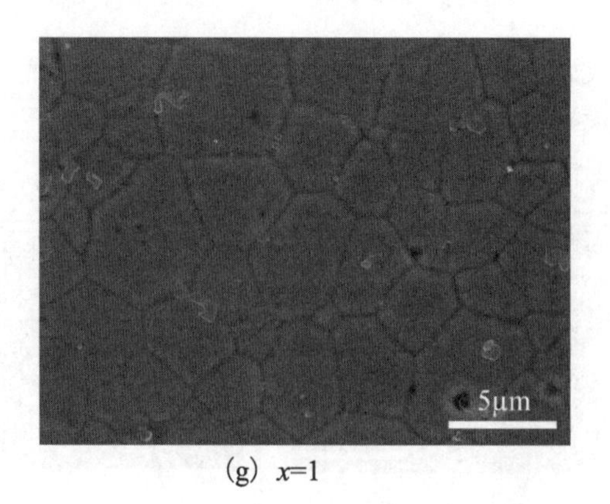

(g) x=1

图 3.5　$(La_{1-x}Yb_x)_2Zr_2O_7$体系的表面形貌

3.1.3　热导率

通过测得的热扩散系数，同时计算得到比热容，再乘以密度，并使用气孔率公式修正得到不同温度下$(La_{1-x}Yb_x)_2Zr_2O_7$体系的热导率，如图 3.6 所示。在较低温度下，热导率随温度变化明显，从$La_2Zr_2O_7$到$(La_{5/6}Yb_{1/6})_2Zr_2O_7$热导率急剧降低，随后热导率变化较为平缓，随 Yb 含量的增加而升高，到$Yb_2Zr_2O_7$达到最高值。$(La_{1-x}Gd_x)_2Zr_2O_7$体系热导率随成分变化基本是对称的，在 x=0.5 处热导率最低。而$(La_{1-x}Yb_x)_2Zr_2O_7$体系热导率变化出现了非对称性，这是由于该体系的固溶度较小，没有形成无限固溶体，根据 3.1.1 节的计算结果，固溶体的固溶极限在 x=0.2052 和 x=0.8068 处，点缺陷浓度在这两处达到最大值，而 $0.2052<x<0.8068$ 为两相固溶体的混合相，其点缺陷浓度为两相平均值，随成分变化不大，因此其热导率变化规律和无限固溶体$(La_{1-x}Gd_x)_2Zr_2O_7$体系不一致。

从图 3.6 中可以看到，由于点缺陷对声子的散射效应，固溶体成分的热导率均比基体$La_2Zr_2O_7$以及$Yb_2Zr_2O_7$低，但是在引入相同浓度的点缺陷之后，$La_2Zr_2O_7$热导率降低的程度明显高于$Yb_2Zr_2O_7$，$(La_{5/6}Yb_{1/6})_2Zr_2O_7$的热导率甚至还要低于$(La_{1/6}Yb_{5/6})_2Zr_2O_7$。一方面固然由于$La_2Zr_2O_7$的本征声子散射(声子间散射)比$Yb_2Zr_2O_7$弱，引入点缺陷后热导率降低的幅度大，另一方面与点缺陷的散射强度及其引起的结构变化有关，向$La_2Zr_2O_7$中掺杂半径较小的Yb^{3+}，在引入点缺陷的同时会减小焦绿石结构中 A、B 位置的阳离子半径之比，引起结构无序和晶格能降低，导致非谐振参数的提高，从而使声子间散射加剧，而向$Yb_2Zr_2O_7$中掺杂半径较大的La^{3+}，效果恰好相反，因而$(La_{5/6}Yb_{1/6})_2Zr_2O_7$热导率降低的幅度明显高于$(La_{1/6}Yb_{5/6})_2Zr_2O_7$。

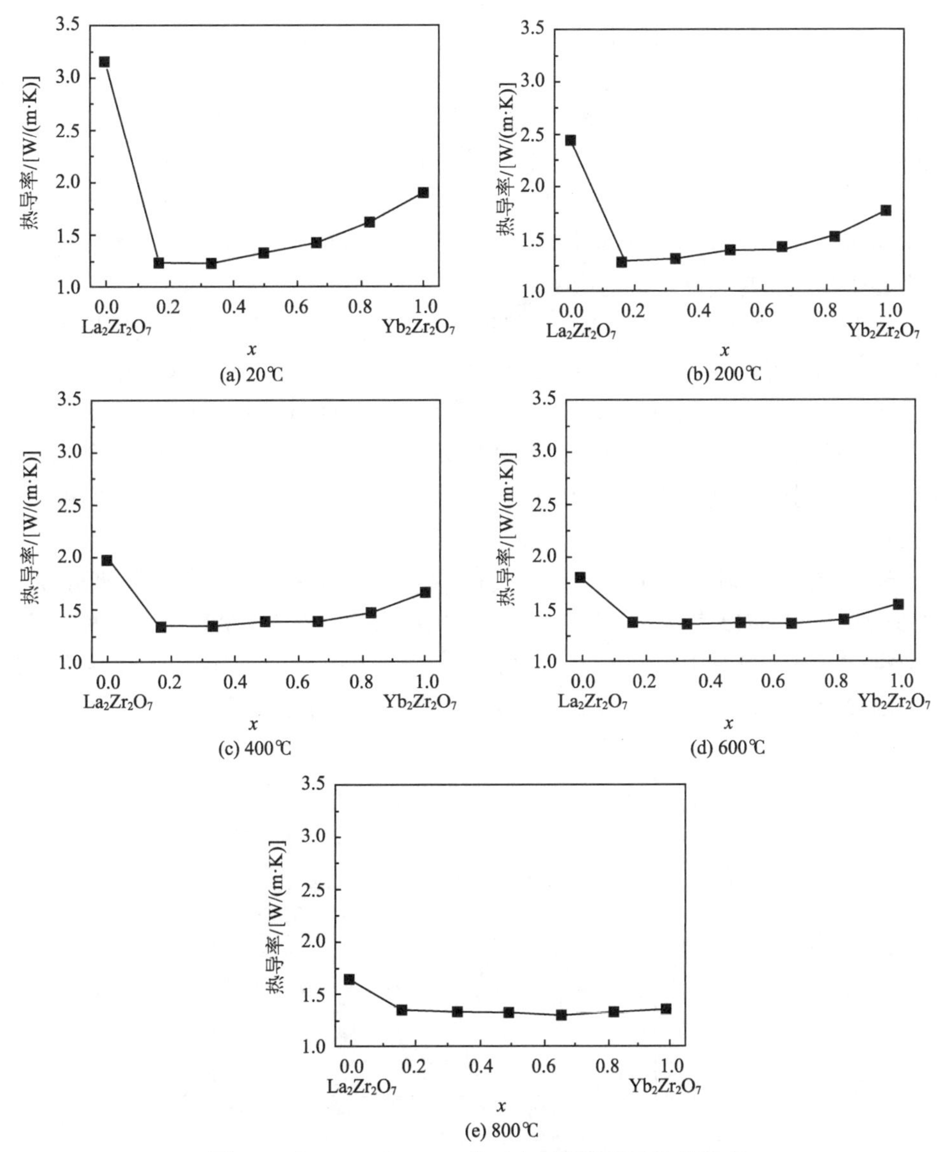

(a) 20℃　(b) 200℃　(c) 400℃　(d) 600℃　(e) 800℃

图 3.6　$(La_{1-x}Yb_x)_2Zr_2O_7$ 体系在不同温度下的热导率

$(La_{5/6}Yb_{1/6})_2Zr_2O_7$、$(La_{2/3}Yb_{1/3})_2Zr_2O_7$、$LaYbZr_2O_7$、$(La_{1/3}Yb_{2/3})_2Zr_2O_7$ 两相固溶体混合相在不同温度下的热导率几乎与成分呈线性关系。这几种混合相的成分是一致的，都是富 La 的 α 相和富 Yb 的 β 相，只是相对含量不同，同时根据前面的讨论，可以忽略晶界散射，因此这些混合相热导率随成分的变化符合复合材料热导率计算法则，热导率与成分近似呈线性关系。

同时还可以看到，含 α 相较多的 $(La_{5/6}Yb_{1/6})_2Zr_2O_7$ 和 $(La_{2/3}Yb_{1/3})_2Zr_2O_7$ 的热导率随温度升高呈上升趋势，这种情况在绝缘无机材料中是很少见的。一般固体材料温度升高之后声子间散射增强，声子平均自由程减小，热导率会降低。之所以在$(La_{5/6}Yb_{1/6})_2Zr_2O_7$和$(La_{2/3}Yb_{1/3})_2Zr_2O_7$中出现热导率的正温度系数，是因为α相中存在强烈的声子散射过程，包括Yb取代La而造成的强烈的晶格畸变以及稀土锆酸盐中大量的氧离子空位对声子的散射，这些散射过程使声子平均自由程接近其极限值，而随温度升高而增强的声子间散射无法再使声子平均自由程进一步明显降低(这一点可以从热扩散系数的结果中看到)，此时热导率随温度的变化主要受到比热容温度系数的影响。

对于完全无序材料的热导率，也就是固体材料热导率的极限值，爱因斯坦曾建立模型[1]，认为此时的热传导是由能量在相邻原子的随机“行走”实现的。但是该模型建立在爱因斯坦晶格振动理论之上，爱因斯坦频率的不确定性使整个模型在数值上不够精确。Cahill等[2]采用德拜晶格振动理论，认为热传导是通过在相邻的量子化机械振子间传递能量实现的，从而解决了这一问题，得到极限热导率的精确值，见式(1-17)。

通过超声反射法测量得到$(La_{5/6}Yb_{1/6})_2Zr_2O_7$的横波、纵波声速分别为3736.45m/s和6715.79m/s，横波、纵波的德拜温度分别为460K和827K。将所得数据代入式(1-17)中得到图3.7。可以看到，$(La_{5/6}Yb_{1/6})_2Zr_2O_7$的热导率已接近极限热导率，而且热导率随温度的变化趋势也基本上和极限热导率一致。

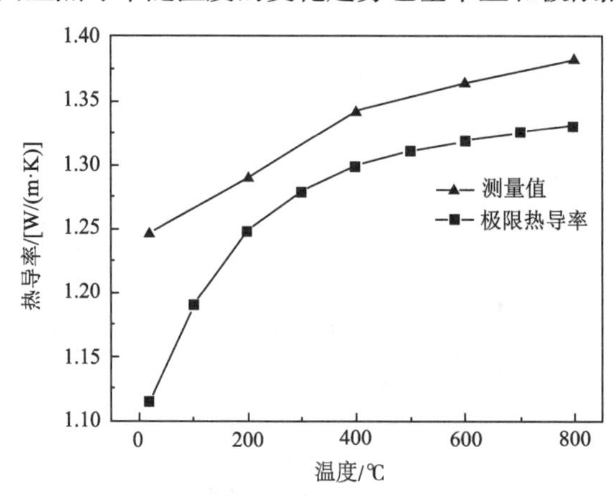

图3.7　不同温度下$(La_{5/6}Yb_{1/6})_2Zr_2O_7$热导率与极限热导率对比

$(La_{2/3}Yb_{1/3})_2Zr_2O_7$的纵波、横波声速为3545.7m/s和6396.9m/s，纵波、横波德拜温度分别为439.04K和792.08K。代入式(1-17)得到图3.8。α相含量减少，β相的声子散射强度弱，因此$(La_{2/3}Yb_{1/3})_2Zr_2O_7$的热导率与极限热导率计算值差别更大，但温度趋势仍然一致。

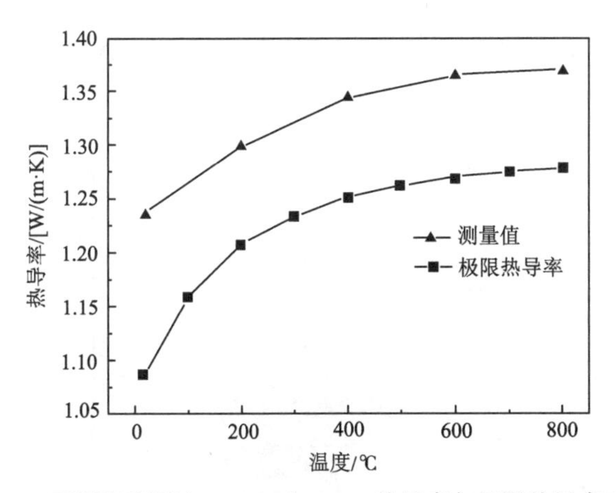

图 3.8　不同温度下 $(La_{2/3}Yb_{1/3})_2Zr_2O_7$ 热导率与极限热导率对比

3.1.4　力学性能

在本实验中采用压痕法测量 $(La_{1-x}Yb_x)_2Zr_2O_7$ 体系的维氏硬度，测量结果如图 3.9 所示。从图 3.9 中可以看到，萤石结构 $Yb_2Zr_2O_7$ 的硬度高于焦绿石结构 $La_2Zr_2O_7$ 的硬度；而固溶体的硬度除 $(La_{1/3}Yb_{2/3})_2Zr_2O_7$ 外均高于 $Yb_2Zr_2O_7$ 和 $La_2Zr_2O_7$ 的平均值，其规律同杨氏模量相反。一般情况下，材料的杨氏模量越低则硬度越低，而在 $(La_{1-x}Yb_x)_2Zr_2O_7$ 体系中结果却相反，差别主要在混合相组分中。采用压痕法测量硬度时，材料发生塑性变形，主要机理是位错的产生和运动[3]，而在混合相中晶粒较小，晶界阻碍了位错的运动，因此塑性变形减小，硬度增大。$(La_{2/3}Yb_{1/3})_2Zr_2O_7$ 的硬度较小，是因为其气孔率比其他组分高。

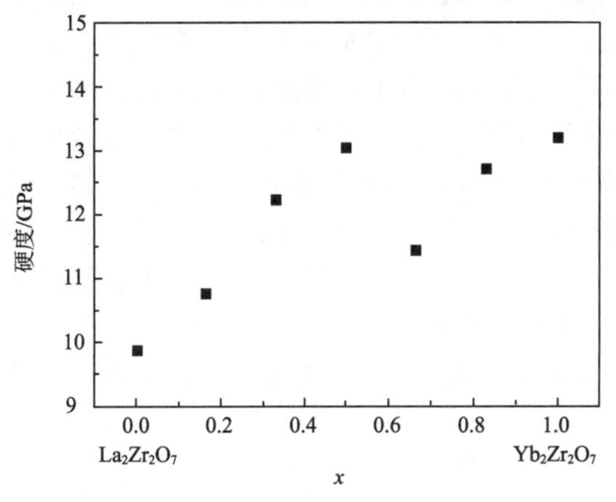

图 3.9　$(La_{1-x}Yb_x)_2Zr_2O_7$ 的体系维氏硬度

利用测量维氏硬度中产生的压痕裂纹来测量$(La_{1-x}Yb_x)_2Zr_2O_7$体系的断裂韧性。压痕法测量断裂韧性的示意图如图 3.10 所示。

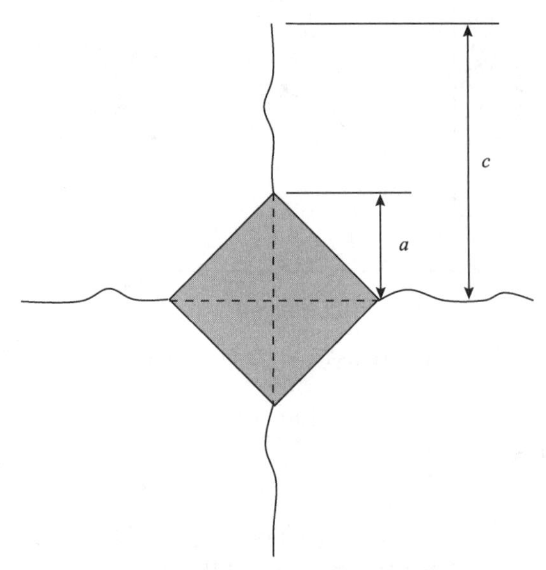

图 3.10　压痕法测量断裂韧性示意图

a 为压痕对角线长度的 1/2，c 为裂纹长度

在裂纹长度 c 和断裂韧性 K_C 之间存在以下联系[4]：

$$K_C = \alpha \left(\frac{E}{H} \right)^{1/2} \left(\frac{P}{c^{3/2}} \right) \tag{3-4}$$

其中，α 为经验常数，和压头的几何形状有关，对于截面为正方形的压头，α 为 0.018；P 为载荷，在本实验中为 300g；E 为弹性模量；H 为硬度；c 为裂纹长度。将以上所有参数代入式(3-4)中计算得到$(La_{1-x}Yb_x)_2Zr_2O_7$体系的断裂韧性。

从图 3.11 中可以看到，$(La_{1-x}Yb_x)_2Zr_2O_7$体系的混合相组分的断裂韧性均高于单相组分，而单相组分中固溶体的断裂韧性略高于基体。断裂韧性目前已经成为热障涂层材料的重要指标之一，喷涂热障涂层的燃气轮机在高速运转过程中会受到外来物体的撞击，此时涂层材料的韧性至关重要，高韧性材料能够减弱裂纹的扩展，减少碰撞带来的损伤。在$(La_{1-x}Yb_x)_2Zr_2O_7$体系中，细晶的双相复合成分的断裂韧性比 $La_2Zr_2O_7$ 以及 $Yb_2Zr_2O_7$ 有了一定的提高，其机理主要与微观结构有关，可以从压痕法测断裂韧性时裂纹扩展的情况来判断。图 3.12 中选取了$(La_{1-x}Yb_x)_2Zr_2O_7$体系典型的压痕裂纹扩展情况。

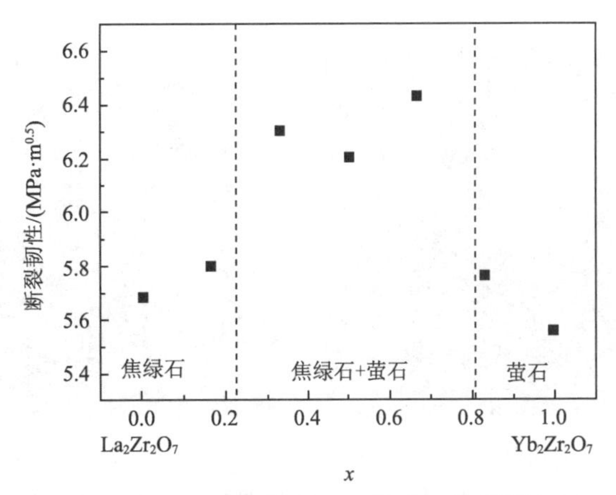

图 3.11　$(La_{1-x}Yb_x)_2Zr_2O_7$体系的断裂韧性

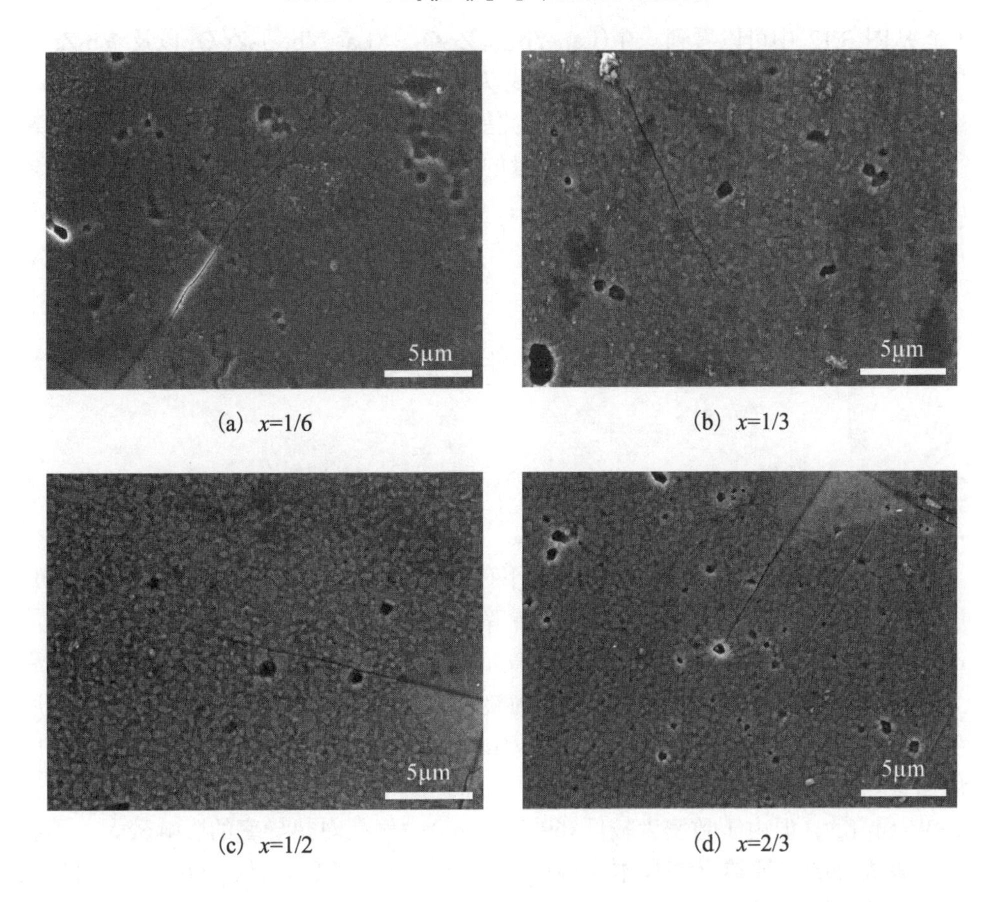

(a) x=1/6　(b) x=1/3

(c) x=1/2　(d) x=2/3

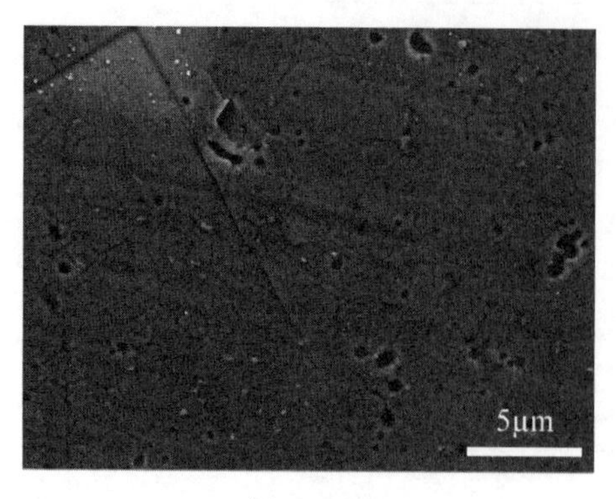

(e) x=5/6

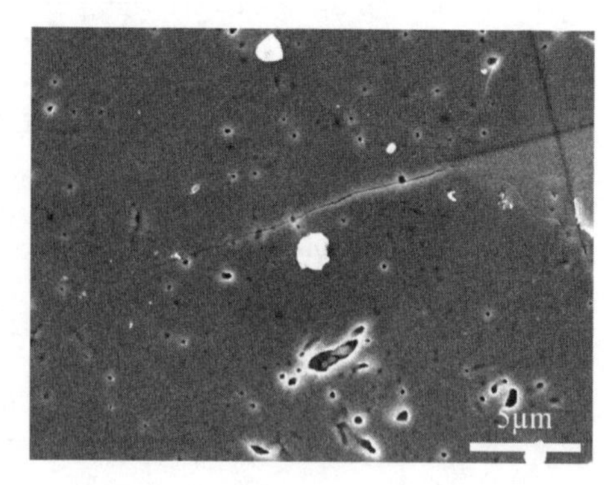

(f) x=1

图 3.12　$(La_{1-x}Yb_x)_2Zr_2O_7$体系压痕裂纹扩展情况

从图 3.12 中可以看到，在$(La_{1/6}Yb_{5/6})_2Zr_2O_7$、$(La_{5/6}Yb_{1/6})_2Zr_2O_7$以及 $Yb_2Zr_2O_7$中裂纹较直、较长，裂纹扩展方式为穿晶断裂；而在$(La_{2/3}Yb_{1/3})_2Zr_2O_7$、$LaYbZr_2O_7$、$(La_{1/3}Yb_{2/3})_2Zr_2O_7$中，因为晶粒细小，裂纹的扩展随晶粒的形状出现了一定程度的偏转，同时由于晶界含量的增多，裂纹在扩展过程中需要克服更多的能量，晶界对裂纹有一定的闭合作用，因此裂纹较短，这也是混合相组分断裂韧性较高的原因。

3.2　无限固溶体

3.2.1　热导率

通过激光散射法测量出 20～600℃下$(La_{1-x}Gd_x)_2Zr_2O_7$体系的热导率，如图 3.13 所示。在所有温度下，固溶体的热导率均低于 $La_2Zr_2O_7$ 以及 $Gd_2Zr_2O_7$，从$La_2Zr_2O_7$一端开始，热导率先随 x 的增加而降低，在 x=0.5 时达到最低点，之后又随 x 的增加而升高。$LaGdZr_2O_7$成为整个体系的热导率最低点，热导率随温度变化极小，600℃时热导率达到 1.4W/(m·K)，作为热障涂层材料具有极大的应用前景。在 Lehmann 等[5]的研究中，$(La_{0.7}Gd_{0.3})_2Zr_2O_7$ 在 800℃时热导率达到 0.9W/(m·K)，但由于致密度较低(69%～93%)，气孔对热导率的影响较大，无法反映该成分的本征热导率。本实验中所有成分的致密度均超过 96%，采用公式修正之后能够得到本征热导率的精确值。

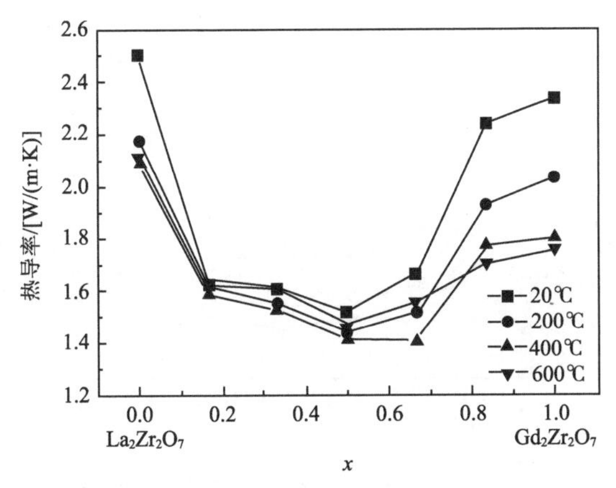

图 3.13　$(La_{1-x}Gd_x)_2Zr_2O_7$ 体系的热导率

在 $(La_{1-x}Gd_x)_2Zr_2O_7$ 体系中，固溶体的低热导率主要来源于点缺陷对声子的散射作用。$0\leqslant x<0.5$ 的成分可以看作 Gd^{3+} 取代 $La_2Zr_2O_7$ 基体中的 La^{3+}；$0.5<x\leqslant 1$ 的成分则可以视为 La^{3+} 作为杂质原子取代 $Gd_2Zr_2O_7$ 基体中的 Gd^{3+}；x=0.5 的成分的点缺陷浓度均比其他成分要高，因此热导率最低。具体的声子散射模型将在 3.4 节讨论。

点缺陷对热传导过程的影响机理可以通过德拜声子气体理论加以分析。在德拜声子气体理论中，热量传递的过程就是声子间碰撞并交换能量的过程，热传导是通过声子“气体”的定向移动来实现的，因此晶格热导率可以沿用气体热传导的公式来表达[6]，见式(1-2)。

因此，点缺陷对固溶体热传导的影响机理就可以通过比热容、声子平均自由程和声子平均速度三个因素来分析。

3.2.2　声子平均自由程

将式(1-2)代入式(1-24)中得到声子平均自由程的表达式：

$$\lambda = 3\alpha_D / v \tag{3-5}$$

其中，热扩散系数如图 3.14 所示；声子速度可以通过超声反射法测量，声子平均速度 (v) 通过纵波声速 (v_p)、横波声速 (v_s) 综合得到[7]，见式(2-4)，结果如图 3.15 所示。计算得到声子平均自由程，如图 3.16 所示。

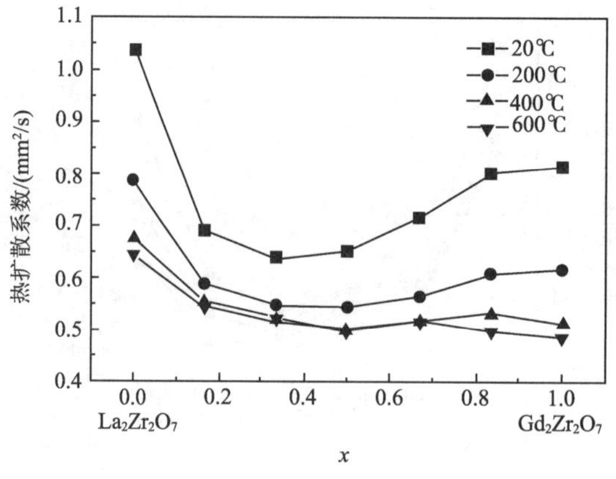

图 3.14　$(La_{1-x}Gd_x)_2Zr_2O_7$ 体系的热扩散系数

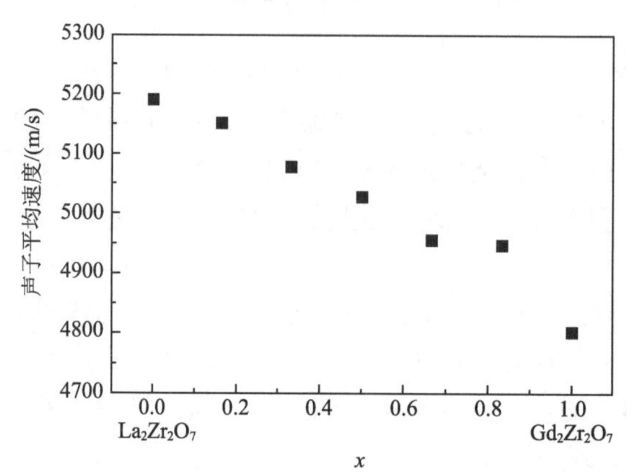

图 3.15　$(La_{1-x}Gd_x)_2Zr_2O_7$ 体系的声子平均速度

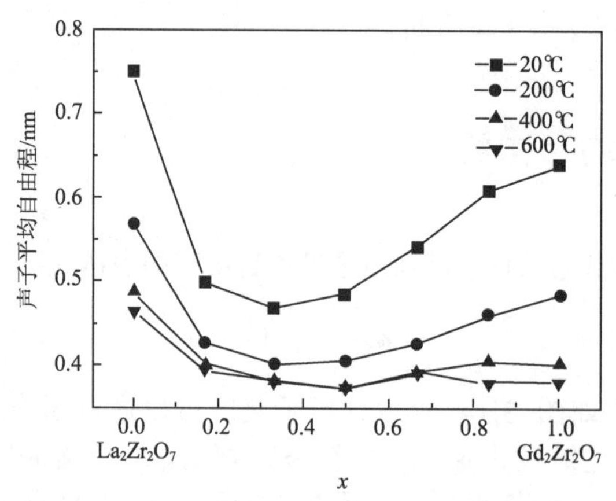

图 3.16　$(La_{1-x}Gd_x)_2Zr_2O_7$ 体系的声子平均自由程

从图 3.16 中可以看到，$(La_{1-x}Gd_x)_2Zr_2O_7$ 体系的声子平均自由程均比较小，都小于其晶体学参数(约 1nm)，表明晶体中存在强烈的声子散射过程。绝缘体

在温度 T 下某一特定频率 ω 的声子平均自由程可以表示为[5]

$$\frac{1}{\lambda(\omega,T)}=\frac{1}{\lambda_{\mathrm{i}}(\omega,T)}+\frac{1}{\lambda_{\mathrm{p}}(\omega,T)}+\frac{1}{\lambda_{\mathrm{b}}} \tag{3-6}$$

其中，λ_i、λ_p、λ_b 分别为声子间散射、点缺陷散射以及晶界散射对应的声子自由程。由图 3.16 可以看到，$(La_{1-x}Gd_x)_2Zr_2O_7$ 体系的晶界尺寸(1～5μm)远远高于其声子平均自由程，因此可以忽略晶界散射对声子平均自由程的贡献。该体系的声子平均自由程主要由声子间散射以及点缺陷散射决定。声子间散射是材料本征热阻的主要来源，主要来源于晶格振动的非谐振性。$(La_{1-x}Gd_x)_2Zr_2O_7$ 体系的基体 $La_2Zr_2O_7$ 以及 $Gd_2Zr_2O_7$ 不含点缺陷，完全受声子间散射的影响。$La_2Zr_2O_7$ 声子平均自由程高于 $Gd_2Zr_2O_7$，表明其声子间散射强度高。这里可以通过热膨胀系数来简单比较两者晶格振动的非谐振性。1100℃下 $La_2Zr_2O_7$ 的热膨胀系数为 $9.0\times10^{-6}K^{-1}$，低于 $Gd_2Zr_2O_7$ 的热膨胀系数($11.6\times10^{-6}K^{-1}$)[8]。因此前者晶格振动非谐振性要低于后者，导致前者本征热阻低，而声子平均自由程较高。

固溶体除声子间散射之外，还受到点缺陷散射的影响。不同成分的固溶体由于点缺陷浓度不同，声子平均自由程也有较大差别。$(La_{1-x}Gd_x)_2Zr_2O_7$ 体系声子平均自由程与成分变化呈现非对称，主要是因为两端基体 $La_2Zr_2O_7$ 和 $Gd_2Zr_2O_7$ 本征散射不同。同时还可发现，随着温度的升高，声子平均自由程随成分的变化差别越来越小，这是因为温度升高，声子间散射增加，而点缺陷散射对于声子平均自由程的相对影响变小，导致对成分变化不敏感。

从图 3.16 中还可以看到，在高温下，$(La_{1-x}Gd_x)_2Zr_2O_7$ 体系的声子平均自由程达到极限值 0.37nm。Cahill 等[2]认为，在声子传导被完全散射的情况下，声子平均自由程达到原子间距，能量仅仅在相邻两个原子间传递。焦绿石结构 $(La_{1-x}Gd_x)_2Zr_2O_7$ 的最邻近阳离子与阴离子间距 r 可以根据晶体结构估算出来：

$$r=3^{1/2}/8a \tag{3-7}$$

其中，a 为晶体学参数。据此计算出 r 为 0.23nm，即声子平均自由程的极限值为 0.23nm。而 $(La_{1-x}Gd_x)_2Zr_2O_7$ 的声子平均自由程仅达到 0.37nm，因此稀土锆酸盐体系的热导率还有下降的空间，仅仅在 A 位掺杂还无法产生足够多的声子散射源，使其达到热导率的最低值。为了获得更低的热导率，可以考虑 A 位和 B 位同时掺杂。

3.2.3　弹性模量

在固溶体中，点缺陷引起的应力场可能会改变固体的弹性性质，从而影响晶格振动能量(即声子)的传输。处于间隙位置的溶质原子会导致基体硬化，而替代型原子对弹性性质的影响效果未知。Ibegazene 等[9]采用 HfO_2 替代 YSZ 中的 ZrO_2，导致弹性模量明显上升，主要是由于形成新相。在 $(La_{1-x}Gd_x)_2Zr_2O_7$ 体系中并未形成新相，固溶体成分弹性模量均比单相的线性混合值(图 3.17 中虚线部分)要低。因此可以推断在 $(La_{1-x}Gd_x)_2Zr_2O_7$ 中替代原子与基体周围在尺寸以及耦合作用力方面的差异导致晶格“软化”，点缺陷引起的应力场导致晶格松弛。晶格松弛会降低声子速度，同样也会降低热导率。

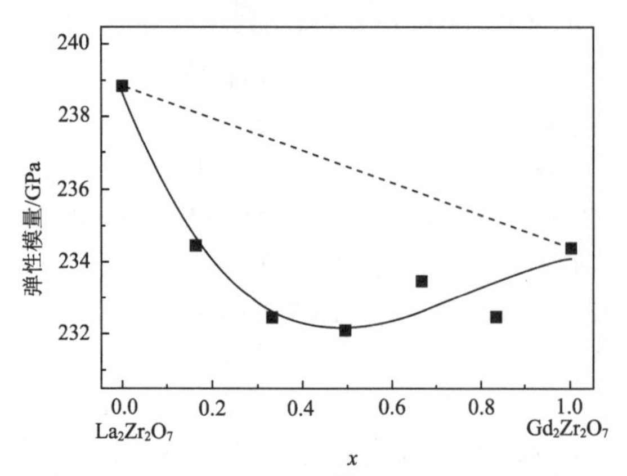

图 3.17 $(La_{1-x}Gd_x)_2Zr_2O_7$ 体系室温下的弹性模量

从 Clarke 推导的高温极限热导率的表达式(1-14)也可以看到弹性模量与热导率的关系，低弹性模量会得到低热导率。同时，低弹性模量对于热障涂层材料是极为有益的，因为它有助于降低整个涂层在升降温过程中由热失配而导致的热应力，从而提高涂层的稳定性和寿命[9,10]。

3.3 不同晶体学位置替代固溶体

3.3.1 晶体结构

1. 物相

如图 3.18 所示，$Gd_2(Zr_{1-x}Ti_x)_2O_7$ 体系固溶体均为单相，其均为焦绿石结构，$Gd_2Zr_2O_7$ 也出现了强度较弱的焦绿石结构的特征峰(331)。采用 Ti^{4+}取代 Zr^{4+}之后，焦绿石结构的特征峰(331)、(511)明显增强，表明其结构发生有序化转变。可以采用 XRD 中焦绿石的特征峰(331)与(400)的强度之比来表征结构的有序化程度，如图 3.19 所示。

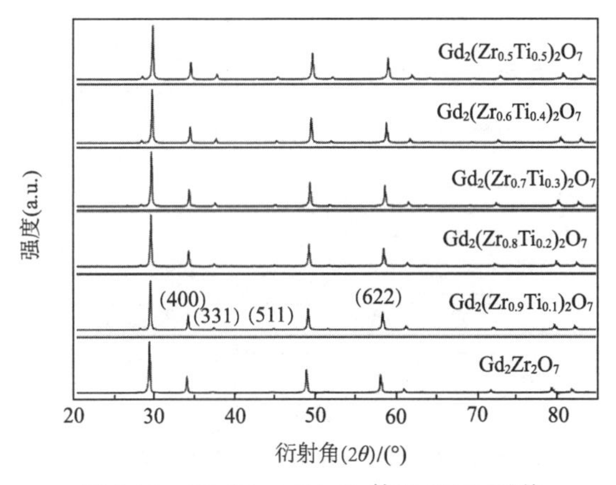

图 3.18　$Gd_2(Zr_{1-x}Ti_x)_2O_7$ 体系 XRD 图谱

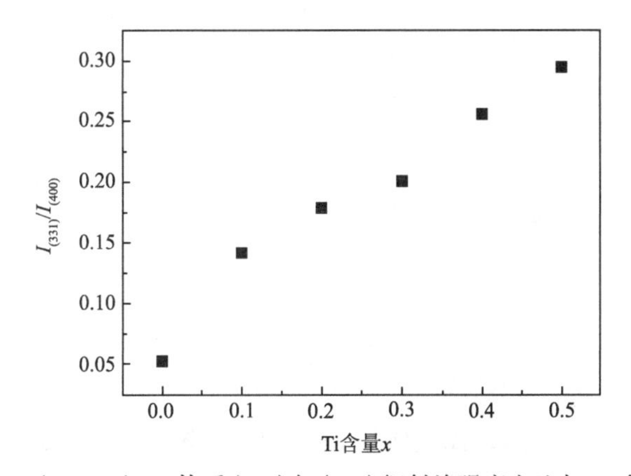

图 3.19　$Gd_2(Zr_{1-x}Ti_x)_2O_7$ 体系(331)与(400)衍射峰强度之比与 Ti 含量的关系

从图 3.19 中可以看到，随着 Ti 含量的增加，焦绿石特征峰的相对强度几乎线性增加，表明结构有序化程度增加。这种有序化转变包括氧离子的有序化排布、氧离子空位的有序化分布以及 48f 氧离子偏离四面体中心位置。有序化转变将对材料的性质产生影响。

除了结构有序化，Ti^{4+}取代 Zr^{4+}之后同样引入了点缺陷。由于 Ti^{4+}半径小于 Zr^{4+}，晶胞体积收缩，如图 3.20 所示，(622)衍射峰峰位随成分的变化发生有规律的偏移，计算出的晶体学参数随 Ti 含量的增加几乎线性减小(图 3.21)。然而应当注意到，测量得到的晶体学参数仅仅是宏观参数，在材料内部存在结构非均匀性，晶格畸变集中在 Ti^{4+}周围。

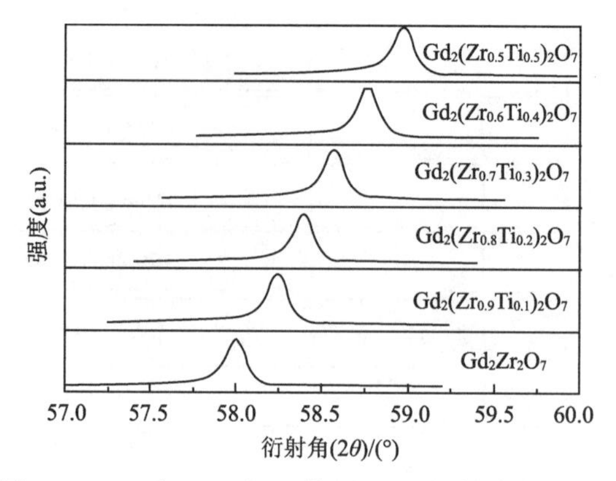

图 3.20　$Gd_2(Zr_{1-x}Ti_x)_2O_7$体系(622)衍射峰峰位变化

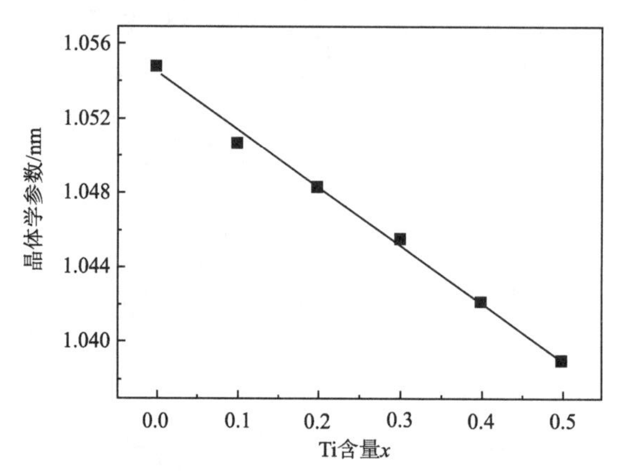

图 3.21　$Gd_2(Zr_{1-x}Ti_x)_2O_7$体系的晶体学参数与 Ti 含量的关系

综上所述，在 $Gd_2Zr_2O_7$ 中用 Ti^{4+}取代 Zr^{4+}会同时导致有序化转变以及晶格畸变，对其性能产生综合性影响。

2. 拉曼光谱

焦绿石结构属于$Fd\bar{3}m$空间群(No. 27，Z=8)。其结构表示为$A_2B_2O(1)_6O(2)$，其中 O(1)、O(2)分别表示 48f 和 8a 位置的氧离子。根据晶体结构分析得到，A、B 阳离子位置的对称性为 D_{3d}，O(1)位置的对称性为 C_{2v}，O(2)位置的对称性为 T_d。基于以上的对称性，根据因子群分析得出具有拉曼活性的晶格振动模式如下：

$$\Gamma(R) = A_{1g} + E_g + 4T_{2g} \tag{3-8}$$

以上所有的振动模式都是光学支模式，同各种晶体学位置的对应如表 3.3 所示。

表 3.3　焦绿石结构的晶体学位置对应的拉曼振动模式

晶体学位置	振动模式
A 离子	无
B 离子	无
48f 氧离子	$A_{1g}+E_g+3T_{2g}$
8a 氧离子	T_{2g}

焦绿石结构完全无序后即萤石结构。萤石结构属于 $Fm\bar{3}m$ 空间群(No. 225，Z=4)。其结构可以表示为 AO_2。A 离子的对称性为 O_h，氧离子的对称性为 T_d。同样通过因子群分析得到萤石结构的拉曼活性振动模式[11]：

$$\Gamma(R) = T_{2g} \tag{3-9}$$

T_{2g}模式也是光学支模式，对应氧离子振动。

从图 3.22 中可以看到，随着 Ti 含量的增加，焦绿石结构的特征峰强度明显增加。由以上因子群分析结果得到，焦绿石结构的特征峰只与 O(48f) 离子有关。在结构有序化过程中，O(48f) 离子倾向于远离四面体中心的位置，有研究表明，O(48f) 离子的位置参数由 $Gd_2Zr_2O_7$ 的 0.416 增加到 Gd_2ZrTiO_7 的 0.422[12]。O(48f) 离子的位移改变了它同周围离子的结合键长，使具有拉曼活性的振动模式的极化率增加，导致拉曼散射的截面积增加。因此焦绿石结构的特征峰随有序化程度的增加而增强。

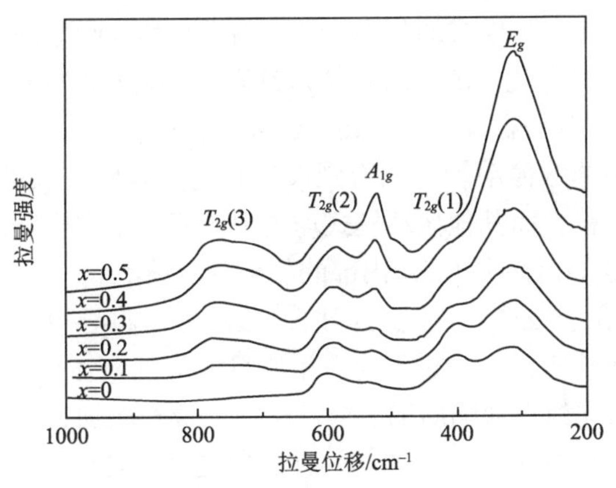

图 3.22　$Gd_2(Zr_{1-x}Ti_x)_2O_7$ 体系拉曼光谱

固溶体中发生的有序无序转变实际上就是由无序的萤石结构转变为有序的焦绿石结构，因此有必要研究两种结构在拉曼光谱中的差异。$T_{2g}(2)$ 振动模式为焦绿石和萤石结构所共有，对应于 Gd—O(8a)的伸缩振动，其频率为 600cm^{-1} 左右[11]。其他振动模式都属于焦绿石结构。300cm^{-1} 处最强峰为 E_g 模式，对应于 O(48f)—Gd—O(48f)的弯曲振动[13]。520cm^{-1} 的拉曼峰为 A_{1g} 模式，对应于 Gd—O(48f)的伸缩振动[14]。400cm^{-1} 的拉曼峰为 T_{2g}(1)模式，对应于 Zr(Ti)—O(48f)的伸缩振动[13]。在 780cm^{-1} 处还存在 T_{2g}(3)模式，由于峰形较宽，不予考虑。另外在 190cm^{-1} 处还存在第四个 T_{2g} 模式，但是已经超出测量范围。

除了拉曼振动模式的强度，也可以观察到振动频率的位移以及峰形的变化。使用 Origin 软件对重叠峰进行高斯分离，得到各种模式的频率以及半峰宽，如图 3.23 所示。

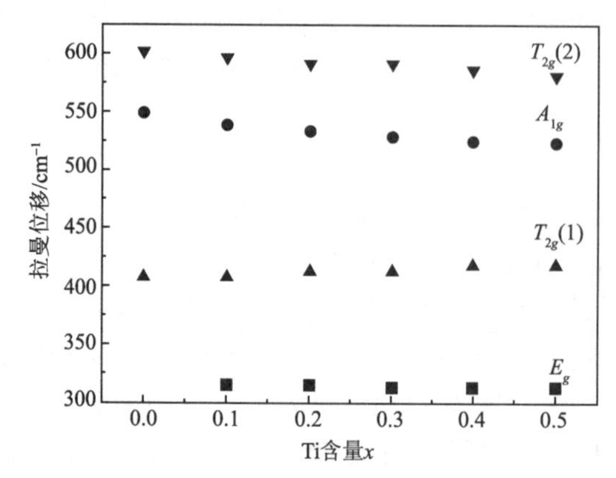

图 3.23　$Gd_2(Zr_{1-x}Ti_x)_2O_7$ 体系拉曼振动模式频率变化

从图 3.23 中可以发现，随着 Ti 含量的增加，E_g、A_{1g}、T_{2g}(2)模式的频率降低，出现蓝移；而 T_{2g}(1)模式的频率增加，出现红移。频率的变化意味着键长的变化或者原子质量的变化。E_g、A_{1g}、T_{2g}(2)模式分别对应 O—Gd—O 的弯曲振动、Gd—O(48f)的弯曲振动以及 Gd—O(8a)的伸缩振动，而 T_{2g}(1)模式对应 Zr(Ti)—O(48f)的伸缩振动。可以看到仅仅是与点缺陷有关的 Zr(Ti)—O(48f)的振动模式出现红移，而其他振动模式均出现蓝移，据此可以描述 Ti^{4+}取代 Zr^{4+}之后 $Gd_2(Zr_{1-x}Ti_x)_2O_7$ 体系固溶体内部的晶格畸变情况。Ti^{4+}半径小于 Zr^{4+}，Ti^{4+}与 O^{2-}的结合能高于 Zr^{4+}，因此 Ti^{4+}取代 Zr^{4+}之后将导致点缺陷周围的收缩，Zr(Ti)—O(48f)键长变短，同时因为原子质量的降低，振动频率升高。Ti^{4+}对周围 O^{2-}的吸引作用导致点缺陷周围晶格被拉伸，键长增加，因此各种振动模式频率降低。虽然晶格内部出现局部非均匀性，但是从晶体学参数的结果来看，Ti^{4+}取代 Zr^{4+}之后整体上导致晶胞体积的收缩。

拉曼峰的半峰宽往往能反映材料内部结构的有序无序状态。峰形尖锐说明结合键一致性好、结构有序化程度高，而峰形展宽则说明存在无序状态。从 XRD

图谱可以看到 Ti^{4+}取代 Zr^{4+}之后对结构存在双重影响，首先是焦绿石结构的有序化程度增加，这是一种有序化转变，同时引起晶格畸变，这却是一种无序化转变。这两种转变将会共同决定 $Gd_2(Zr_{1-x}Ti_x)_2O_7$ 体系固溶体的结构。焦绿石的有序化转变将会增强 k=0 的选择规则，阻止布里渊区的其他声子同拉曼跃迁混合，导致拉曼峰形的尖锐[15]。例如，在 $RE_2Zr_2O_7$(RE=La，Sm，Dy，Er，Yb)体系中，稀土离子半径的增加引起结构有序化，同时使拉曼峰变得尖锐[16]。在图 3.24 中可以看到，焦绿石的特征峰 A_{1g} 模式的半峰宽随着 Ti 含量的增加单调减小。但同时也可以注意到 $T_{2g}(2)$模式的半峰宽变化趋势完全相反。这是因为 $T_{2g}(2)$模式对应于 Gd—O(8a)的伸缩振动，是焦绿石和萤石结构所共有的，在结构有序化转变过程中应当保持不变，而会受到晶格畸变的影响。晶格畸变会使原子与其理想位置相比有所偏离，从而影响拉曼振动模式的半峰宽。O(8a)周围的 Gd 原子四面体因受晶格畸变的影响发生变形，导致 Gd—O(8a)的伸缩振动模式半峰宽增加。

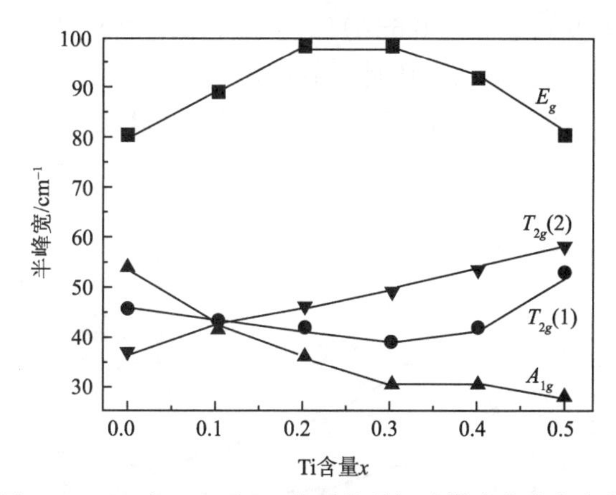

图 3.24　$Gd_2(Zr_{1-x}Ti_x)_2O_7$ 体系拉曼振动模式半峰宽变化

结构有序化和晶格畸变效应在影响 E_g 模式和 $T_{2g}(1)$模式上呈现竞争性效果。E_g 模式的半峰宽先增加后减小，$T_{2g}(1)$模式的半峰宽先减小后增加，但是两者变化的转折点都在 $0.2<x<0.3$，表明两种结构转变的竞争性影响在此达到平衡。这种结构现象也将在后面与其性能联系起来加以讨论。

3.3.2　热导率

$Gd_2(Zr_{1-x}Ti_x)_2O_7$ 体系在不同温度下的热导率如图 3.25 所示。可以看到，在低温下 Ti 掺杂使 $Gd_2Zr_2O_7$ 的热导率明显降低，而随着温度升高，这种效果越来越不明显，在高温下 Ti 掺杂引起热导率的略微增大。$Gd_2(Zr_{1-x}Ti_x)_2O_7$ 体系热导率的变化规律可以从声子散射过程来分析。在电绝缘的 $Gd_2Zr_2O_7$ 中，Ti^{4+}取

代 Zr^{4+}为同等价态取代，并没有产生额外的载流子，因此声子平均自由程主要受到以下散射过程的限制：声子间散射、点缺陷散射、晶界散射。因为这个体系中声子平均自由程远远小于晶粒尺寸，所以晶界散射同样可以忽略。同时考虑有序无序状态对声子的散射效应，$Gd_2(Zr_{1-x}Ti_x)_2O_7$ 体系的声子平均自由程(λ)可以表示为

$$\frac{1}{\lambda}=\frac{1}{\lambda_i}+\frac{1}{\lambda_p}+\frac{1}{\lambda_d} \tag{3-10}$$

其中，λ_i、λ_p、λ_d分别对应声子间散射、点缺陷散射以及结构无序化散射。

在室温下，声子间散射较弱，热导率随成分的变化主要由点缺陷散射决定。点缺陷散射来源于杂质原子和基体原子在质量数、尺寸以及耦合作用力方面的差距。在 $Gd_2(Zr_{1-x}Ti_x)_2O_7$ 体系固溶体中，质量数差异(Zr：91.22，Ti：47.90)，尺寸差异(Zr^{4+}：0.79Å，Ti^{4+}：0.68Å)以及耦合作用力差异(以电负性来表示，Zr：1.33，Ti：1.54)均比较大，因此点缺陷散射比较显著。如图 3.25 所示，由于点缺陷浓度增加，室温下随着 Ti 含量的增加，$Gd_2(Zr_{1-x}Ti_x)_2O_7$ 体系的热导率降低。

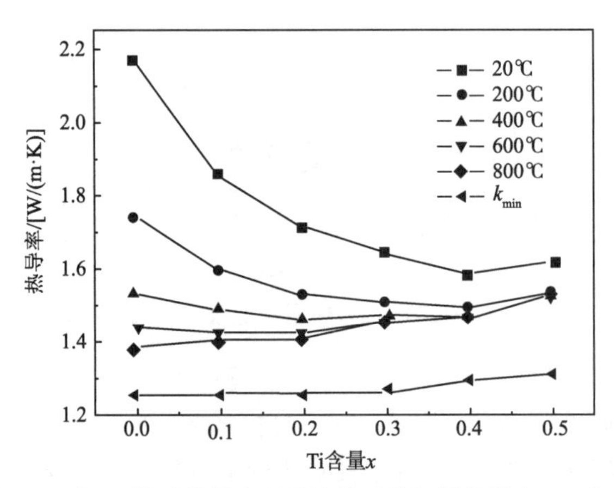

图 3.25　$Gd_2(Zr_{1-x}Ti_x)_2O_7$体系热导率以及该体系的极限热导率 k_{min}与 Ti 含量的关系

从图 3.25 来看，结构有序化对热导率没有明显的影响，因为结构有序化仅仅会对声子的频谱产生一定的影响，而对声子平均自由程没有直接影响。Wu 等[17]通过不同的烧结工艺分别制备了焦绿石结构和萤石结构的 $Gd_2Zr_2O_7$，结果发现两者的热导率基本没有差异。在 $Gd_2(Zr_{1-x}Ti_x)_2O_7$ 体系中结构有序化引起了晶格能的增加，使弹性模量增加，声子速度提高，也会使热导率有所增大，使得室温下 $Gd_2(Zr_{0.5}Ti_{0.5})_2O_7$ 热导率略高于 $Gd_2(Zr_{0.6}Ti_{0.4})_2O_7$。

随着温度升高，声子间散射增强，点缺陷散射的相对效果减弱，热导率随成分

变化不明显。在高温下，所有的成分几乎都达到了极值，称为最低热导率。Clarke 通过假设声子平均自由程达到原子间距来计算出最低热导率，见式(1-14)。

将以上参数代入式(1-14)中计算得到 k_{min} 随成分变化的曲线，同样也绘制在图 3.25 中。可以看到，k_{min} 的计算值同测量值还有一定差异，主要是因为模型存在精确度的问题，但是计算模型的趋势和实际测量结果十分吻合，高温下 $Gd_2(Zr_{1-x}Ti_x)_2O_7$ 体系热导率随 x 增大而升高主要是因为平均原子质量的减小。

3.3.3 热膨胀系数

如图 3.26 所示，热膨胀系数随成分的变化规律几乎与弹性模量相反，先增加后减小，但趋势变化的转折点与弹性模量有所不同，在 x=0.2 处。热膨胀系数的转变规律同样受到晶格畸变和结构有序化的共同作用。当 $0<x<0.2$ 时，由于受到晶格畸变的影响，晶格振动的非谐振性增加，引起热膨胀系数的提高，热膨胀系数从 $Gd_2Zr_2O_7$ 的 $11.5\times10^{-6}K^{-1}$ 提高到 $Gd_2(Zr_{0.8}Ti_{0.2})_2O_7$ 的 $11.9\times10^{-6}K^{-1}$，这几乎是所有通过掺杂改变稀土锆酸盐热膨胀系数中的最高值[5, 18]，进一步表明 B 位掺杂对稀土锆酸盐结构的重要影响。$x>0.2$ 时，热膨胀系数随 Ti 含量的增加而下降，主要受到结构有序化的影响，因为焦绿石结构有序化会引起马德隆常数和晶格能的增加，而晶格能与热膨胀系数成反比。已有研究表明，热膨胀系数与焦绿石结构化合物的有序无序状态关联很大，有序化将会使热膨胀系数降低。在 Xu 等[19]的研究中发现，在 $Sm_2Zr_2O_7$ 中掺杂 MgO，将会使结构发生无序化，O(48f)离子回归四面体中心位置，同时使热膨胀系数明显升高。

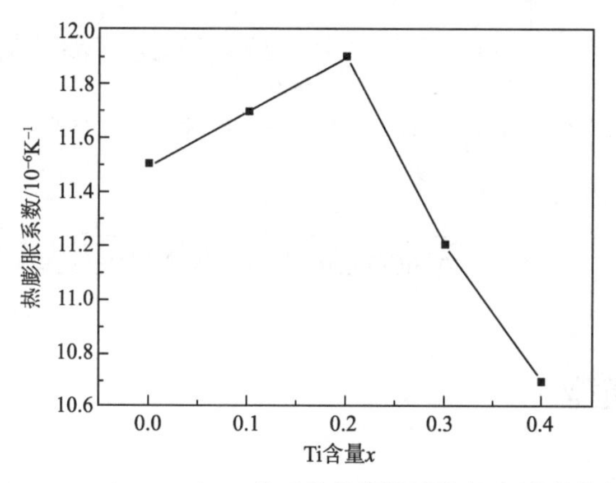

图 3.26 $Gd_2(Zr_{1-x}Ti_x)_2O_7$ 体系的热膨胀系数与 Ti 含量的关系

3.3.4 其他物理性能

根据前面的讨论，热障涂层材料的弹性模量也是重要的性能指标之一，因为低弹性模量有助于提高热障涂层的弹性相容性。在 $Gd_2(Zr_{1-x}Ti_x)_2O_7$ 体系中，弹性模量首先随着 Ti 含量的增加而降低，在 x=0.3 处到达最低点之后又一直上升，直至 Gd_2ZrTiO_7。根据本章的讨论结果，晶格畸变将会引起晶格的弛豫和弹性模量的下降，这一点也在拉曼光谱中得到验证，大多数的振动模式频率降低，表明键长增加，能量降低。因此在 $0<x<0.3$ 成分区间，弹性模量的下降归因于点缺陷引起的晶格畸变。当 $x>0.3$ 时，弹性模量的上升与结构有序化相关。有计算表明，当焦绿石结构的有序化程度增加时，由于晶格结构的变化，其马德隆常数增加，晶格能增加[20]，因此会导致弹性模量的增加。晶格畸变和结构有序化的影响在 x=0.3 处达到平衡，这与 E_g 模式和 $T_{2g}(1)$ 模式半峰宽的变化相似。

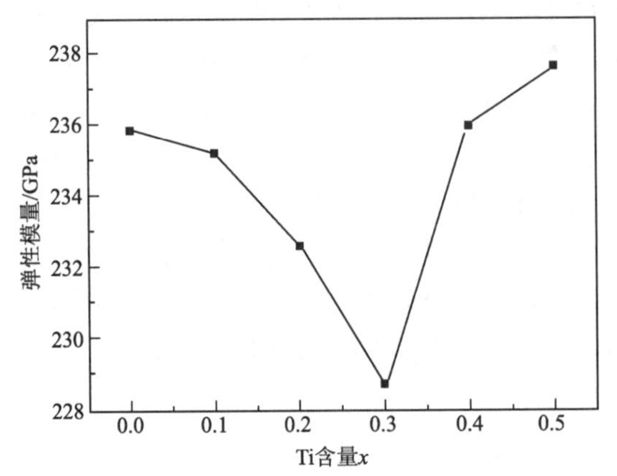

图 3.27　$Gd_2(Zr_{1-x}Ti_x)_2O_7$ 体系弹性模量与 Ti 含量的关系

3.4 点缺陷声子散射模型

3.4.1 基本模型

在固溶体中，点缺陷散射来源于杂质原子和周围基体点阵在质量数、尺寸以及耦合作用力方面的差别。点缺陷对热导率的影响通常通过瑞利散射理论以及微扰理论等弹性介质处理方法[21-23]来加以研究。在以上理论的基础上，本节建立一种声子散射模型，来描述热导率和固溶体成分的联系。

在德拜温度之上，包含缺陷的固体热导率(k_P)与基体的热导率(k)之比为[22]

$$\frac{k}{k_P}=\frac{\arctan(u)}{u} \tag{3-11}$$

其中，参数 u 定义为[22]

$$u=\left(\frac{\pi^2\theta_D\Omega}{hv^2}k_P\Gamma\right)^{1/2} \tag{3-12}$$

其中，h、v、Ω、θ_D 分别为普朗克常量、声子速度、原子平均体积以及德拜温度；Γ 为结构非完整性参数，其数值和点缺陷声子散射的强度相关。Γ 通常含有两个组分，质量数波动导致的非完整性 Γ_M，以及由引力场导致的非完整性 Γ_S，二者可以加和，关系为 $\Gamma=\Gamma_M+\Gamma_S$。在已有的模型中，由于 Γ_S 的不确定性，Γ 通常由实测的热导率拟合得到[24, 25]，采用一个可调参数 ε，使计算值和实验值吻合。在本节的模型中，通过已知的物理参数直接估算 ε，并考虑点缺陷散射强度的温度系数修正，最终计算值和实验值十分吻合。

化合物 U_xV_y 的晶体结构由 U 和 V 亚点阵组成，x 和 y 分别是这两种亚点阵的简并度。由于在这两种亚点阵上都有可能发生无序化转变，结构非完整性参数 Γ 则由这两种亚点阵上各自的非完整性参数综合得到[26]

$$\Gamma_{U_xV_y}=\frac{x}{x+y}\left(\frac{M_U}{M}\right)^2\Gamma_U+\frac{x}{x+y}\left(\frac{M_V}{M}\right)^2\Gamma_V \tag{3-13}$$

其中，$M=(xM_U+yM_V)/(x+y)$，M_U 以及 M_V 分别为 U 和 V 位置的平均原子质量；Γ_U 和 Γ_V 分别为这两个位置上的非完整性参数。对于焦绿石型 $(La_{1-x}Gd_x)_2Zr_2O_7$ 体系固溶体，La 与 Gd 相互取代，存在四种晶体学位置，包括(La,Gd)、Zr、O 以及氧离子空位 V_O，它们的简并度分别为 2、2、7、1。$(La_{1-x}Gd_x)_2Zr_2O_7$ 体系的结构非完整性参数为

$$\Gamma_{(La_xGd_{1-x})_2Zr_2O_7}=\frac{2}{12}\left(\frac{M_{(La,Gd)}}{\bar{M}}\right)^2\Gamma_{(La,Gd)}+\frac{2}{12}\left(\frac{M_{Zr}}{\bar{M}}\right)^2\Gamma_{Zr}+\frac{7}{12}\left(\frac{M_O}{\bar{M}}\right)^2\Gamma_O+\frac{1}{12}\left(\frac{M_{V_O}}{\bar{M}}\right)^2\Gamma_{V_O} \tag{3-14}$$

其中，$M_{(La,Gd)}$ 为(La,Gd)位置的平均质量；$\bar{M}$ 为 $(La_{1-x}Gd_x)_2Zr_2O_7$ 体系的平均质量；V_O 代表氧离子空位，其质量为零。由于在 Zr、O 以及氧离子空位上没有发生无序，认为 $\Gamma_{Zr}=\Gamma_O=\Gamma_{V_O}=0$，得到

$$\Gamma_{(La_xGd_{1-x})_2Zr_2O_7} = \frac{1}{6}\left(\frac{M_{(La,Gd)}}{\bar{M}}\right)^2 \Gamma_{(La,Gd)} \tag{3-15}$$

在固溶体中杂质原子和基体原子在质量数、尺寸以及耦合作用力方面存在差异，Klemens[23]考虑这些因素之后得到一个一般性的表达式：

$$\Gamma_i = f_i\{(\Delta M_i / M)^2 + 2[(\Delta G_i / G) - 6.4\gamma(\Delta\delta_i / \delta)]^2\} \tag{3-16}$$

其中，Γ_i为杂质原子 i 的散射截面；f_i为杂质原子 i 的浓度；M_i为杂质原子 i 的质量；M 和 δ 分别为基体点阵中被替代原子的质量和半径；δ_i为杂质原子 i 在基体点阵中的半径；G_i为杂质原子 i 和基体近邻连接键的刚度系数；G 为被替代原子与其近邻连接键的刚度系数，$\Delta G_i=G_i-G$，$\Delta M_i=M_i-M$，$\Delta\delta_i=\delta_i-\delta$；$\gamma$ 为这些键的平均非谐振性，也就是 Grüneisen 常数。

$\Delta G_i/G$ 代表了$(La_{1-x}Gd_x)_2Zr_2O_7$中的耦合作用力差异的影响，可以通过比较$La_2Zr_2O_7$和 $Gd_2Zr_2O_7$的弹性模量来简单评估。从图 3.17 中可以看到，这两种成分的弹性模量差别不到 2%，因此忽略耦合作用力差别对应力场波动的影响。式(3-16)可以表达为

$$\Gamma_i = f_i\{(\Delta M_i / M)^2 + 2[6.4\gamma(\Delta\delta_i / \delta)]^2\} \tag{3-17}$$

根据弹性介质球-空位模型[27]，杂质原子在进入不同点阵之后的半径会发生改变，这取决于该点阵的弹性性质，推导出杂质原子在原有点阵中的半径 δ_i'和新点阵中的半径$\Delta\delta i$的关系：

$$\Delta\delta_i / \delta = [(\delta_i' - \delta) / \delta]p / (1 + p) \tag{3-18}$$

其中，

$$p = (1 + \nu)K_i / [2K(1 - 2\nu)] \tag{3-19}$$

K 和ν分别为基体的体弹性模量以及泊松比；K_i为杂质“球体”的体弹性模量。因为 $La_2Zr_2O_7$以及 $Gd_2Zr_2O_7$的弹性模量相近，这里同样假设 $K_i/K\approx1$。将式(3-18)、式(3-19)代入式(3-17)中得到

$$\Gamma_i = f_i\left\{(\Delta M_i / M)^2 + 2\left[6.4\times\frac{1}{3}\gamma\frac{1+\nu}{1-\nu}(\delta_i' - \delta) / \delta\right]^2\right\} \tag{3-20}$$

定义应力场因子：

$$\varepsilon = \frac{2}{9}\left[6.4 \times \gamma(1+\nu)/(1-\nu)\right]^2 \tag{3-21}$$

得到

$$\Gamma_i = f_i\{(\Delta M_i / M)^2 + \varepsilon[(\delta_i' - \delta)/\delta]^2\} \tag{3-22}$$

式(3-22)和 Abeles[21]的研究结果相同，但是在式(3-21)中给出了参数 ε 的表达式，这样就可直接计算出结构非完整性参数 Γ 及固溶体的热导率。

包含多种原子的混合物的总的非完整性参数可以写为[21]

$$\Gamma = \sum_i \Gamma_i \tag{3-23}$$

因此，

$$\Gamma_{(\mathrm{La,Gd})} = \Gamma_{\mathrm{La}} + \Gamma_{\mathrm{Gd}} = x(1-x)[(\Delta M / M_{(\mathrm{La,Gd})})^2 + \varepsilon(\Delta\delta / \delta_{(\mathrm{La,Gd})})^2] \tag{3-24}$$

其中，

$$\Delta M = M_{\mathrm{La}} - M_{\mathrm{Gd}} \tag{3-25}$$

$$\Delta\delta = \delta_{\mathrm{La}}' - \delta_{\mathrm{Gd}}' \tag{3-26}$$

$$M_{(\mathrm{La,Gd})} = xM_{\mathrm{La}} + (1-x)M_{\mathrm{Gd}} \tag{3-27}$$

$$\delta_{(\mathrm{La,Gd})} = x\delta_{\mathrm{La}}' + (1-x)\delta_{\mathrm{Gd}}' \tag{3-28}$$

将式(3-24)代入式(3-15)中，得到

$$\Gamma_{(\mathrm{La}_x\mathrm{Gd}_{1-x})_2\mathrm{Zr}_2\mathrm{O}_7} = \frac{1}{6}\left(\frac{M_{(\mathrm{La,Gd})}}{\bar{M}}\right)^2 x(1-x)\left[(\Delta M / M_{(\mathrm{La,Gd})})^2 + \varepsilon(\Delta\delta / \delta_{(\mathrm{La,Gd})})^2\right] \tag{3-29}$$

其中，$(\Delta M/M_{(\mathrm{La,Gd})})^2$ 为质量数波动的贡献；$\varepsilon(\Delta\delta/\delta_{(\mathrm{La,Gd})})^2$ 为应力场波动的贡献。从式(3-11)、式(3-12)最终可以通过已知的物理参数计算不同成分固溶体的热导率。

3.4.2 模型参数选取与计算

在$(La_{1-x}Gd_x)_2Zr_2O_7$体系中应当选取 $La_2Zr_2O_7$ 而不是 $Gd_2Zr_2O_7$ 为基体材料，因为前者和所有固溶体结构一致，都是焦绿石结构。在式(3-12)中需要确定的计算参数包括声子速度 v、原子平均体积 Ω 以及德拜温度 θ_D。声子速度 v 已经由

式(2-4)得到，$La_2Zr_2O_7$的声子速度为4165m/s。原子平均体积Ω可以由M_A/ρ得到，M_A为平均原子质量，$La_2Zr_2O_7$的M_A为8.6×10^{-23}g，之后计算出Ω为$1.44\times10^{-29}m^3$。德拜频率ω_D可以表示为[7]$(6\pi^2v^3/\Omega)^{1/3}$，德拜温度可表示为$h\omega_D/k_B$。计算得到$La_2Zr_2O_7$的德拜温度为510K。在式(3-26)、式(3-28)中，δ_{La}'和δ_{Gd}'分别取La^{3+}和Gd^{3+}八配位时的原子半径(1.16Å、1.053Å)，因为在焦绿石结构中，La^{3+}和Gd^{3+}都占据八配位的A位。对于式(3-21)，还需要确定泊松比ν以及Grüneisen常数γ。ν已经通过超声反射法得出，其值为0.268。为了精确确定γ，借助式(1-6)[28]。其中，体膨胀系数α是线膨胀系数α_l的3倍；体弹性模量K已经通过超声反射法测量出来，完全致密的$La_2Zr_2O_7$的体弹性模量为171GPa；C_V为体积比热容；V为摩尔体积；C_p为比热容，可以用$C_p\rho$来替代C_V/V。式(1-6)可以写为

$$\gamma = 3\alpha_l K / (C_p \rho) \tag{3-30}$$

热膨胀系数可以从文献[8]中获得，α_l和C_p的曲线如图3.28所示，可以看到热膨胀系数与比热容存在相关性。从式(3-30)可以计算出400℃下$La_2Zr_2O_7$的γ为1.54。从式(3-21)中计算出应力场因子ε为65，随后得到非完整性参数Γ，并通过式(3-11)、式(3-12)可以计算出固溶体的热导率。在此，仅仅把热导率计算推广到x=0.9，在这个成分范围内固溶体的结构与基体材料$La_2Zr_2O_7$相近。

计算结果如图3.29所示。可以看到，理论计算结果很好地描述了热导率随成分变化的趋势，然而计算值与实际值相比偏低，可能是由于过高地计算了点缺陷散射强度。

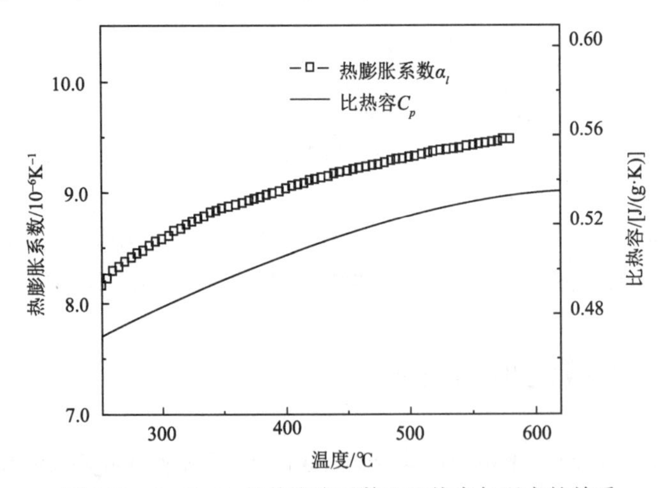

图3.28 $La_2Zr_2O_7$的热膨胀系数和比热容与温度的关系

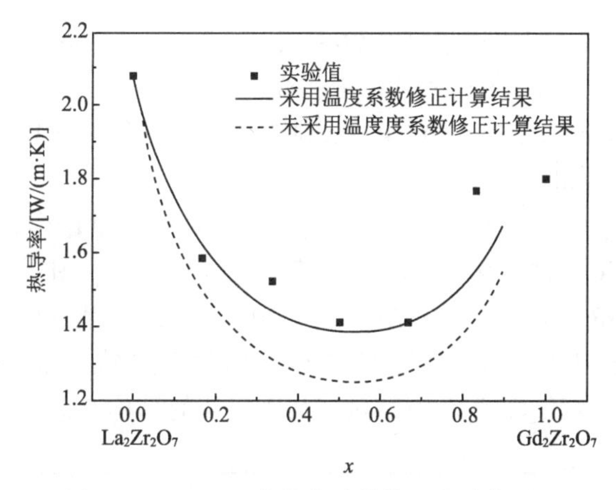

图 3.29　400℃下热导率计算值和实验值对比

3.4.3　温度系数修正

在$(La_{1-x}Gd_x)_2Zr_2O_7$固溶体中，尺寸差异引起的晶格畸变已经成为应力场波动的主要因素。由于温度升高，材料的晶胞体积膨胀，晶格畸变减小，导致点缺陷散射减弱。同时在高温下化学键的弹性性质和室温下不同，非谐振性也会改变。因此需要对参数作温度系数修正，以更好地计算高温下点缺陷散射效果。

多种氧化物的弹性性质在室温下和温度有着近线性的关系[29]。采用文献[30]中已经测量的 ZrO_2 的温度系数来作为 $La_2Zr_2O_7$ 的近似，其中杨氏模量的温度系数为 0.0645GPa/K，剪切模量的温度系数为 0.0245GPa/K。因此在室温以上 $La_2Zr_2O_7$ 的杨氏模量 $E(T)$ 和剪切模量 $G(T)$ 可以表示为

$$E(T) = E_0 - 0.0645(T - T_0) \tag{3-31}$$

$$G(T) = G_0 - 0.0245(T - T_0) \tag{3-32}$$

其中，E_0 和 G_0 分别为完全致密的 $La_2Zr_2O_7$ 在室温 T_0(25℃)下的弹性模量(238.8GPa)和剪切模量(94.2GPa)。

泊松比 $\nu(T)$ 和体弹性模量 $K(T)$ 可以表示为

$$\nu(T) = \frac{E(T)}{2G(T)} - 1 \tag{3-33}$$

$$K(T) = \frac{E(T)}{3(1 - 2\nu(T))} \tag{3-34}$$

Grüneisen 常数 γ 可以通过将式(3-34)代入式(3-30)中得到，应力场因子 ε 通过式(3-21)计算出来。在 400℃，E、G、ν、K、γ 和 ε 的计算值分别为 214.6GPa、85.2GPa、0.259、148.4GPa、1.33 和 46。将这些参数重新代入公式计算热导率，其结果如图 3.29 中实线所示。

修正后热导率的计算值和实验值十分吻合，说明了理论模型的正确性。同时还可以计算 600℃下的固溶体热导率，E、G、ν、K、γ 和 ε 的计算值分别为 201.7GPa、80.4GPa、0.254、136.7GPa、1.20 以及 37。结果如图 3.30 所示，计算值与实验值仍然吻合。然而以 $Gd_2Zr_2O_7$ 作为基体材料却无法得到较好的结果，可能是因为 $Gd_2Zr_2O_7$ 为萤石结构，与固溶体的结构有差异。

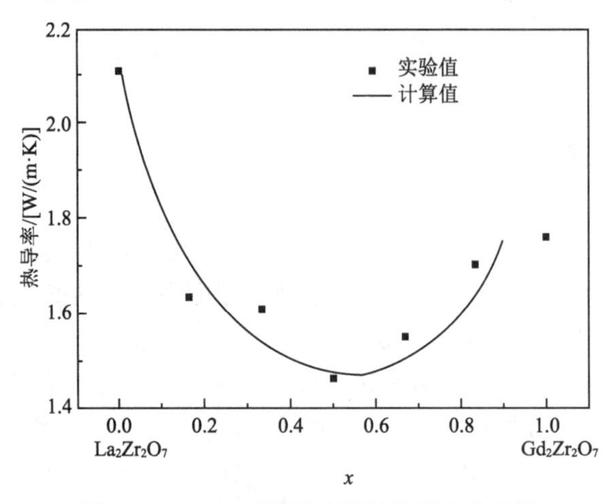

图 3.30 600℃下热导率的计算值和实验值

参 考 文 献

[1] Bodzenta J. Influence of order-disorder transition on thermal conductivity of solids[J]. Chaos, Solitons & Fractals, 1999, 10(12): 2087-2098.

[2] Cahill D G, Watson S K, Pohl R O. Lower limit to the thermal conductivity of disordered crystals[J]. Physical Review B, 1992, 46(10): 6131-6140.

[3] Zhou J Q, Li Y L, Zhu R T, et al. The grain size and porosity dependent elastic moduli and yield strength of nanocrystalline ceramics[J]. Materials Science and Engineering: A, 2007, 445(15): 717-724.

[4] 龚江宏. 陶瓷材料断裂力学[M]. 北京: 清华大学出版社, 2001.

[5] Lehmann H, Pitzer D, Pracht G, et al. Thermal conductivity and thermal expansion coefficients of the lanthanum rare-earth-element zirconate system[J]. Journal of the American Ceramic Society, 2003, 86(8): 1338-1344.

[6] Berman R. Thermal Conduction in Solids[M]. Oxford: Clarendon Press, 1976.

[7] Kittle C. Introduction to Solid State Physics[M]. New York: Willey, 1996.

[8] Wang J D, Pan W, Xu Q. Synthesis and thermal expansion of the rare-earth zirconate ceramics[J]. Rare Metal Materials and Engineering, 2005, 34(1): 581-583.

[9] Ibegazene H, Alperine S, Diot C. Yttria-stabilized hafnia-zirconia thermal barrier coatings - The influence of hafnia addition on TBC structure and high-temperature behavior[J]. Journal of Materials Science, 1995, 30(4): 938-951.

[10] Thompson J A, Clyne T W. The effect of heat treatment on the stiffness of zirconia top coats in plasma-sprayed TBCs[J]. Acta Materialia, 2001, 49(9): 1565-1575.

[11] Glerup M, Nielsen O F, Poulsen F W. The structural transformation from the pyrochlore structure, $A_2B_2O_7$, to the fluorite structure, AO_2, studied by Raman spectroscopy and defect chemistry modeling[J]. Journal of Solid State Chemistry, 2001, 160(1): 25-32.

[12] Hess N J, Begg B D, Conradson S D, et al. Spectroscopic investigations of the structural phase transition in $Gd_2(Ti_{1-y}Zr_y)_2O_7$ pyrochlores[J]. The Journal of Physical Chemistry B, 2002, 106(18): 4663-4677.

[13] Begg B D, Hess N J, McCready D E, et al. Heavy-ion irradiation effects in $Gd_2(Ti_{2-x}Zr_x)O_7$ pyrochlores[J]. Journal of Nuclear Materials, 2001, 289(1-2): 188-193.

[14] Leckie R M, Kramer S, Ruhle M, et al. Thermochemical compatibility between alumina and ZrO_2-$GdO_{3/2}$ thermal barrier coatings[J]. Acta Materialia, 2005, 53(11): 3281-3292.

[15] Whalley E, Bertie J E. Optical spectra of orientationally disordered crystals.i. Theory for translational lattice vibrations[J]. The Journal of Chemical Physics, 1967, 46(4): 1264-1270.

[16] Scheetz B E, White W B. Characterization of anion disorder in zirconate $A_2B_2O_7$ compounds by Raman spectroscopy[J]. Journal of the American Ceramic Society, 1979, 62(9-10): 468-470.

[17] Wu J, Wei X Z, Padture N P, et al. Low-thermal-conductivity rare-earth zirconates for potential thermal-barrier-coating applications[J]. Journal of the American Ceramic Society, 2002, 85(12): 3031-3035.

[18] Pan W, Wan C L, Xu Q, et al. Thermal diffusivity of samarium-gadolinium zirconate solid solutions[J]. Thermochimica Acta, 2007, 455(1-2): 16-20.

[19] Xu Q A, Wang F C, Zhu S Z, et al. Effect of vacancy on thermal expansion coefficient of $Sm_2Zr_2O_7$ ceramic[J]. Rare Metal Materials and Engineering, 2007, 36(1): 541-543.

[20] Kutty K V G, Rajagopalan S, Mathews C K, et al. Thermal expansion behaviour of some rare earth oxide pyrochlores[J]. Materials Research Bulletin, 1994, 29(7): 759-766.

[21] Abeles B. Lattice thermal conductivity of disordered semiconductor alloys at high temperatures[J]. Physical Review, 1963, 131(5): 1906-1911.

[22] Callaway J, von Baeyer H C. Effect of point imperfections on lattice thermal conductivity[J]. Physical Review, 1960, 120(4): 1149-1154.

[23] Klemens P G. The scattering of low-frequency lattice waves by static imperfections[J]. Proceedings of the Physical Society. Section A, 1955, A68(12): 1113-1128.

[24] Yang J, Meisner G P, Chen L. Strain field fluctuation effects on lattice thermal conductivity of ZrNiSn-based thermoelectric compounds[J]. Applied Physics Letters, 2004, 85(7): 1140-1142.

[25] Zhou Z H, Uher C, Jewell A, et al. Influence of point-defect scattering on the lattice thermal conductivity of solid solution $Co(Sb_{1-x}As_x)_3$[J]. Physical Review B, 2005, 71(23): 235209.

[26] Slack G A. Thermal conductivity of MgO, Al_2O_3, $MgAl_2O_4$, and Fe_3O_4 crystals from 3° to 300°K[J]. Physical Review, 1962, 126(2): 427-441.

[27] Seitz F, Turnbull D. Solid State Physics[M]. New York: Academic Press, 1955.

[28] Grimvall G. Thermophysical Properties of Materials[M]. Amsterdam: Elsevier, 1998.

[29] Wachtman J B, Tefft W E, Lam D G, et al. Exponential temperature dependence of Young's modulus for several oxides[J]. Physical Review, 1961(6), 122: 1754-1759.

[30] Smith C F, Crandall W B. Calculated high-temperature elastic constants for zero porosity monoclinic zirconia[J]. Journal of the American Ceramic Society, 1964, 47(12): 624-627.

第 4 章　各向异性结构陶瓷材料

4.1　独居石 $REPO_4$ 材料

4.1.1　结构

稀土磷酸盐在自然界以单斜相独居石结构(空间群 $P2_1/n$，$Z=4$)和四方相磷钇矿结构($I4_1/amd$，$Z=4$)两种形式存在[1]，独居石结构的 $REPO_4$(RE=La，Gd)一般由半径较大、较轻的稀土离子形成，而磷钇矿结构的 $REPO_4$(RE=Tb，Lu，Y)一般由半径较小、较重的稀土离子形成。两种结构最主要的区别是稀土离子的配位情况不同，独居石结构中稀土离子与其周围的 9 个氧原子配位，从而形成 REO_9 多面体；而磷钇矿结构中稀土离子与其周围的 8 个氧原子配位，从而形成 REO_8 多面体，两者晶体结构的差异也引起它们在性质上的一些差异，其中独居石结构稀土磷酸盐及其复合材料是本章的研究对象，因此以下将主要介绍独居石结构 $REPO_4$(RE=La，Gd)。

对独居石结构 $REPO_4$ 的晶体结构方面的探索从 70 多年前就开始了，最初是由 Mooney[2]得到 $LaPO_4$、$CePO_4$、$PrPO_4$ 以及 $NdPO_4$ 的结构信息，相关结果在 1948 年发表，六方结构 $CePO_4$ 以及其他一些磷酸盐的结构信息在 1950 年发表[3]。在成功利用 $Pb_2P_2O_7$ 作为高温溶剂，并通过高温熔融生长工艺人工合成独居石结构 $REPO_4$ 单晶体[4]之后，广大学者利用这种方法生长了独居石结构 $REPO_4$ 单晶并分别确定了其晶体结构信息[5-8]，不过所报道的结果存在一定的差异。Ni 等[1]同样利用熔融生长工艺分别制备了独居石结构和磷钇矿结构的 $REPO_4$。

对独居石和磷钇矿结构的晶体结构数据进行了重新确定，并对天然独居石结构和磷钇矿结构数据进行了修正。$LaPO_4$ 的晶体结构示意图见图 4.1(晶体学参数和原子位置数据来自文献[1])。从图 4.1 中可以看出，在每个 $LaPO_4$ 单胞中包含 4 个 $LaPO_4$ 单元，La^{3+}与其周围的 9 个氧原子形成配位键。图 4.2 给出了 $LaPO_4$ 中 La^{3+}与氧原子的配位情况，可见在垂直于 C_S 轴的平面内有 5 个 La—O 配位键，在平行于 C_S 轴平面内有 4 个 La—O 配位键(其中 2 个氧原子在 5 个 La—O 配位键所形成平面上方，另外 2 个氧原子在平面下方)[7]，其他独居石结构 $REPO_4$ 与 $LaPO_4$ 的结构相似。独居石结构 $REPO_4$ 中 RE^{3+}与氧原子的 9 配位情况

以及 RE^{3+}与周围的 PO_4 四面体的键合情况见图 4.3。由图 4.3 可见，PO_4 四面体沿着 C 轴方向看有一个轻微的倾斜[9]，Mullica 等[5]认为这是五面体与四面体相互渗透贯通的结果。综上所述，独居石结构是由 PO_4 四面体相互连接并以链状相互交联的 9 配位多面体形成的[6, 7]，有时称为 polyhedron-tetrahedron 链[1, 9]。

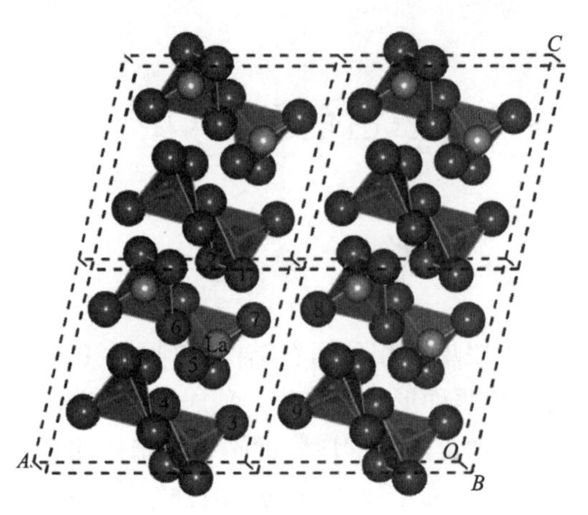

图 4.1　独居石结构 $LaPO_4$ 的晶体结构示意图(根据文献[1]的晶体学参数及原子位置数据作图)

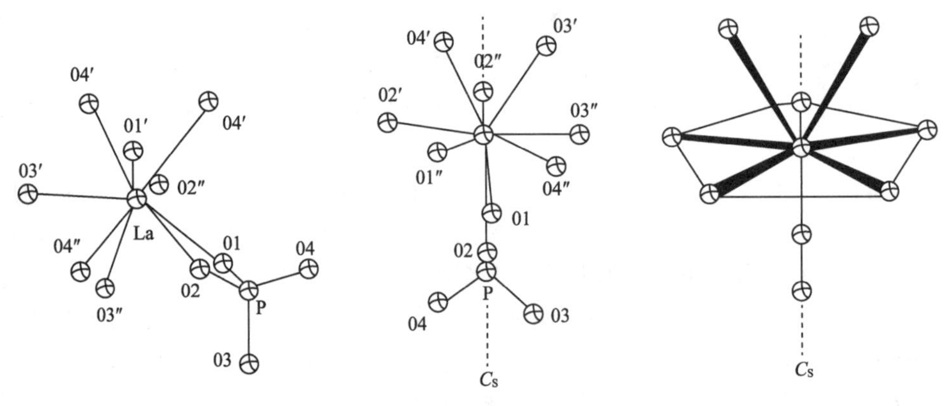

(a) 任意取向$LaPO_4$的La—O键9配位单元　(b) 以C_s轴为对称轴的$LaPO_4$的La—O键9配位单元　(c) 理想的以C_s轴为对称轴的$LaPO_4$的La—O键9配位单元

图 4.2　$LaPO_4$ 中 La^{3+}与氧原子配位情况[5]

独居石结构 $REPO_4$(RE=La，Gd)的晶体学参数随 RE^{3+}离子半径的变化情况见图 4.4(a)[1]，可见，由于镧系收缩，$REPO_4$ 的晶体学参数随着 RE^{3+}离子半径的减小呈线性减小。图 4.4(b)给出了 RE—P 键长随 RE^{3+}离子半径变化趋势[1]，其中较短的 RE—P 键随离子半径的减小呈线性减小，斜率接近 1，而较长的 RE—P 键则随着 RE^{3+}离子半径的减小呈现更缓慢的减小，而且它们在拟合直线附近也有一些浮动。另外，$REPO_4$ 的晶格中 9 个 RE—O 键长也各不相同[图 4.4(c)][1]，其中

1 个 RE—O 键长对各独居石结构 $REPO_4$(RE=La，Gd)而言几乎都是相等的，为 0.278nm 左右，另外 8 个 RE—O 键长则随着 RE^{3+}离子半径的减小几乎呈线性减小。总体上看，独居石结构 $REPO_4$ 的晶体学参数随着 RE^{3+}离子半径的减小而逐步减小，晶胞也更加紧凑。

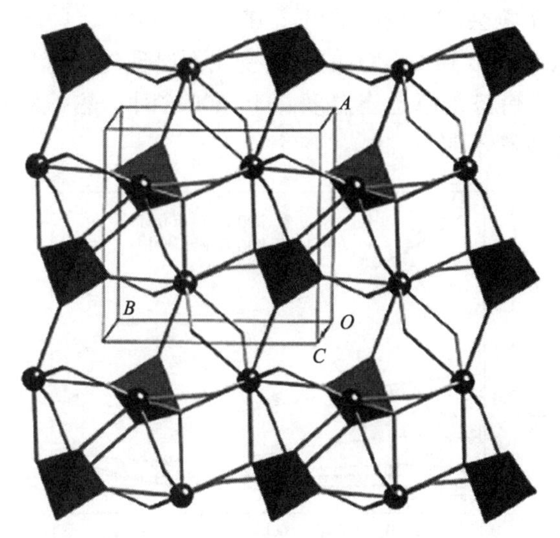

图 4.3　独居石结构 $REPO_4$ 中的 9 配位以及与 PO_4 的键合情况[9]

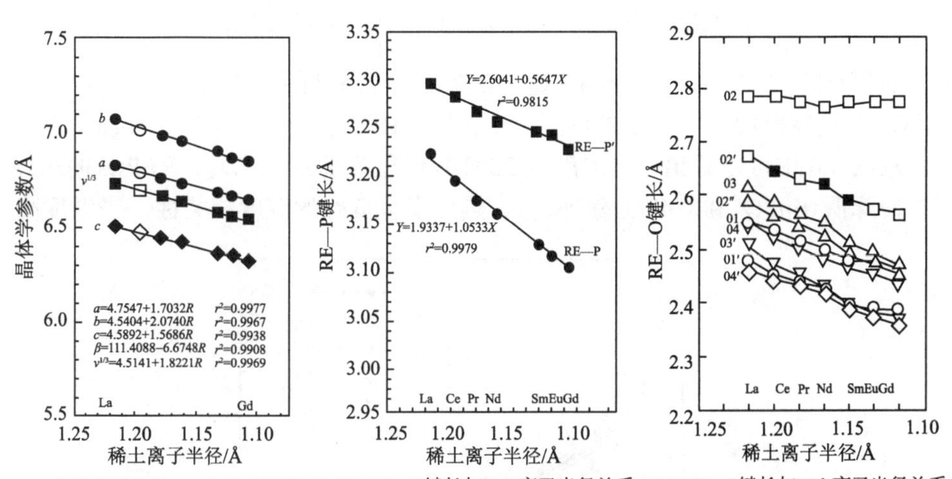

(a) 晶体学参数与RE^{3+}离子半径关系　(b) RE—P键长与RE^{3+}离子半径关系　(c) RE—O键长与RE^{3+}离子半径关系

图 4.4　独居石结构 $REPO_4$ 的晶体结构数据[1]

4.1.2　导热性能

独居石结构 $REPO_4$(RE=La，Gd)不同温度(25～1000℃)时的热扩散系数见

图 4.5，其中热扩散系数的测量误差为±2%。从图 4.5 中可以看出，除了 $EuPO_4$ 和 $GdPO_4$ 的热扩散系数在 800℃以上温度出现上扬趋势以外，其他 $REPO_4$ 的热扩散系数在整个测量温度区间内随着温度的升高而单调降低，在 800℃以上时 $EuPO_4$ 和 $GdPO_4$ 热扩散系数的上升趋势可能是辐射传输在低温时可以忽略影响，但是到高温时影响会增大的缘故[10]。在 25～400℃，独居石结构 $REPO_4$ 的热扩散系数随着从 $LaPO_4$ 到 $GdPO_4$ 的不断变化而出现先降低(在 $EuPO_4$ 处达到一个最低值)又上升的趋势，但是当温度高于 800℃时，热扩散系数从 $LaPO_4$ 到 $GdPO_4$ 的变化趋势逐渐不明显。

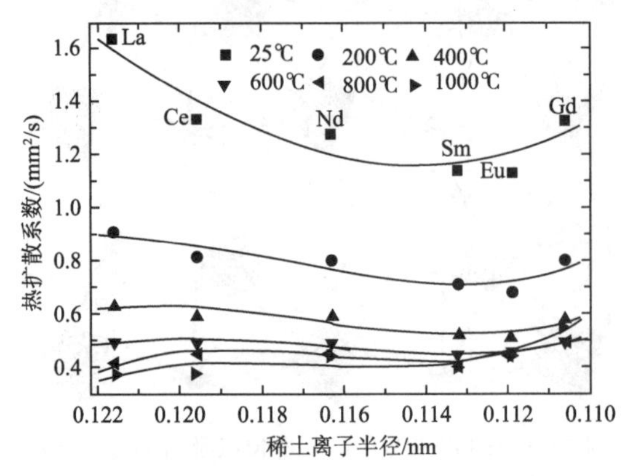

图 4.5　独居石结构 $REPO_4$ 在不同温度的热扩散系数

独居石结构 $REPO_4$(RE=La，Gd)的热导率随温度的变化趋势见图 4.6，各 $REPO_4$ 的热导率均对气孔率进行了修正，所以图中数据是完全致密样品的热导率。从图 4.6 中可以看出，当温度从 25℃不断升高到 1000℃时，$REPO_4$ 的热导率缓慢降低($EuPO_4$ 和 $GdPO_4$ 除外，)，热导率呈良好的温度相关性。当温度高

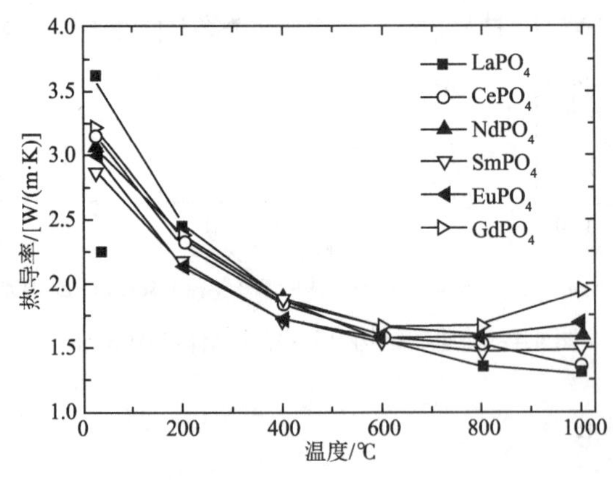

图 4.6　独居石结构 $REPO_4$ 的热导率与温度的关系

于 800℃时，$EuPO_4$ 和 $GdPO_4$ 的热导率呈上升趋势，这是因为辐射传输在低温时可以忽略影响，但是到高温时影响显著[10]。独居石结构 $REPO_4$ 的热导率都很低，其中以 $LaPO_4$ 在 1000℃时最低，为 1.30W/(m·K)。其低的热导率可能是由于其复杂的晶体结构以及高的平均原子质量，这也在一定程度上验证了前面所述的经验性判据对其低的热导率推测的正确性。

本章所得的 $CePO_4$ 和 $GdPO_4$ 的热导率分别与 Hikichi 等[11]报道的 $CePO_4$(致密度 99%)、Winter 和 Clarke[12]报道的 $GdPO_4$(致密度 98%)的热导率很接近，但是分别比 Winter 和 Clarke[12]报道的 $LaPO_4$ 以及 Bakker 等[13]报道的 $CePO_4$ 热导率高。后者得到更低的热导率可能是因为所制备的样品致密度较低，相应的 $LaPO_4$ 和 $CePO_4$ 的致密度分别只有 90%和 80%，在对气孔率进行修正时引入了较大的误差。另外，Bakker 等[13]所测 $CePO_4$ 的热导率在高温段随温度升高轻微增加，这可能是由于高温时热辐射的影响增大[10]。

4.1.3　力学性能

1. 泊松比及各弹性常数

泊松比是指材料应变时单位宽度和单位长度上发生变化的比例。计算得到的独居石结构 $REPO_4$(RE=La，Gd)的泊松比见图 4.7，各 $REPO_4$ 的泊松比存在明显的成分相关性，除了 $GdPO_4$ 外，泊松比随着 $REPO_4$ 中稀土离子半径的减小而减小，这可能与晶体内部离子之间结合键键长及键角变化有关，本节得到的泊松比与 Perriere 等[14]所报道的值相近。

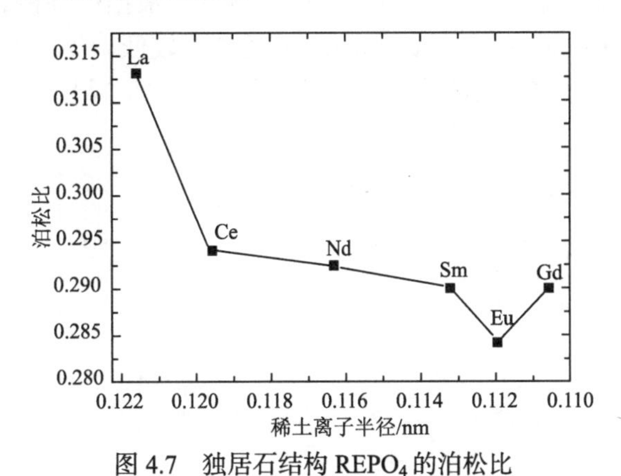

图 4.7　独居石结构 $REPO_4$ 的泊松比

陶瓷材料为脆性材料，在室温下承载时几乎不能产生塑性变形，在弹性变形范围之外就会产生断裂破坏，因此，其弹性性质就显得尤为重要。陶瓷的弹性变形可以用胡克定律来描述，拉伸变形时，应力与应变之比为弹性模量(或者称为杨氏模量)；剪切变形时，应力与应变之比为剪切模量；而体积模量为受各向同等的压力时，其压缩应力与体积应变之比。独居石结构 $REPO_4$ 的弹性模量(*E*)、体积模量(*B*)以及剪切模量(*G*)见图 4.8，它们在 $REPO_4$ 体系中存在明显的成分相关性，随着 $REPO_4$ 中稀土离子半径的减小而增加，这可能与晶体内部离子之间的结合键增强有关。本节所得样品的各种弹性常数与 Perriere 等[14]报道的值的变化趋势相同，但数值略小，这或许与测量误差有关。

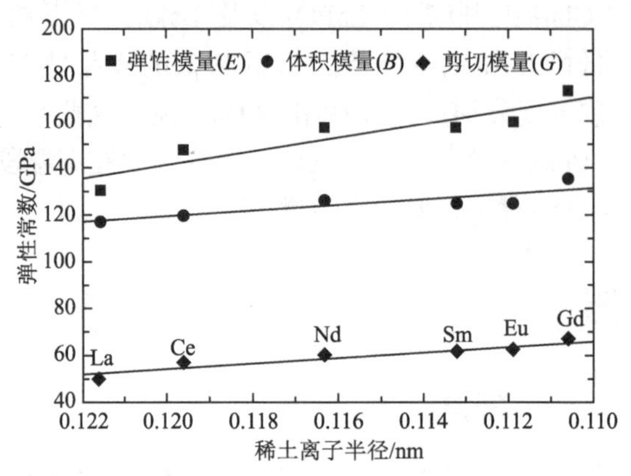

图 4.8　独居石结构 $REPO_4$ 的弹性模量(*E*)、体积模量(*B*)以及剪切模量(*G*)

2. 硬度

硬度是材料的重要力学性能参数之一。陶瓷材料的硬度反映材料抵抗破坏的能力，在对陶瓷材料的评价方法中占有重要地位。根据以往的报道[14-17]，独居石结构 $REPO_4$(RE=La，Ce，Nd，Sm，Eu)的硬度较低，为 4.5～5.5GPa。本节使用维氏硬度计测量 $REPO_4$ 的硬度，测试结果见图 4.9。从图 4.9 中可以看出，

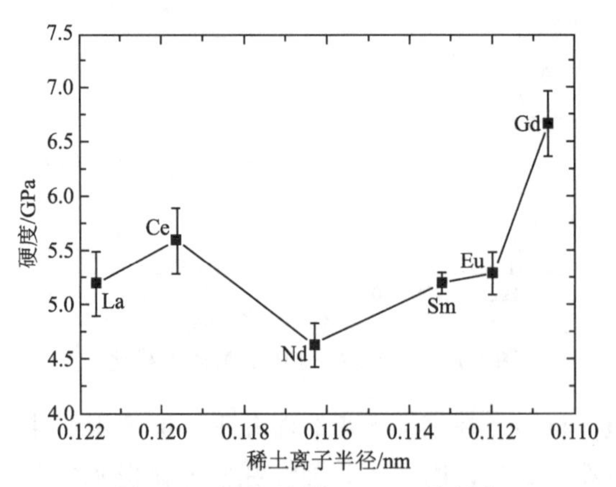

图 4.9　独居石结构 $REPO_4$ 的硬度

除了 $GdPO_4$ 的硬度较高(6.7GPa)，其他几种 $REPO_4$ 的硬度都集中在 5.0GPa 左右，其中 $NdPO_4$ 的硬度最低，为 4.6GPa 左右。Perriere 等[14]报道 $REPO_4$(RE=La, Pr, Nd, Eu)的硬度为 5.0GPa±0.5GPa，与本节实验结果基本相符。

3. 断裂韧性

断裂力学性能是评价陶瓷材料力学性能的重要指标，而断裂韧性是应用最普遍的用来评价陶瓷材料韧性的断裂力学参数。本节独居石结构 $REPO_4$ 的断裂韧性采用压痕法计算得到，结果见图 4.10。由图 4.10 可以看出，$NdPO_4$ 的断裂韧性最高，为 $2.04MPa{\cdot}m^{1/2}$ 左右，$LaPO_4$ 的断裂韧性最低，为 $1.1MPa{\cdot}m^{1/2}$ 左右，$CePO_4$ 和 $GdPO_4$ 的断裂韧性均为 $1.8MPa{\cdot}m^{1/2}$ 左右。图 4.11 为具有代表性的 SPS 制备 $CePO_4$ 及 $NdPO_4$ 样品的断面 SEM 图。由图 4.11 可以看出，$CePO_4$ 和 $NdPO_4$ 样品均呈现明显的层状结构，晶粒直径分布较为均匀，为几微米，样品的

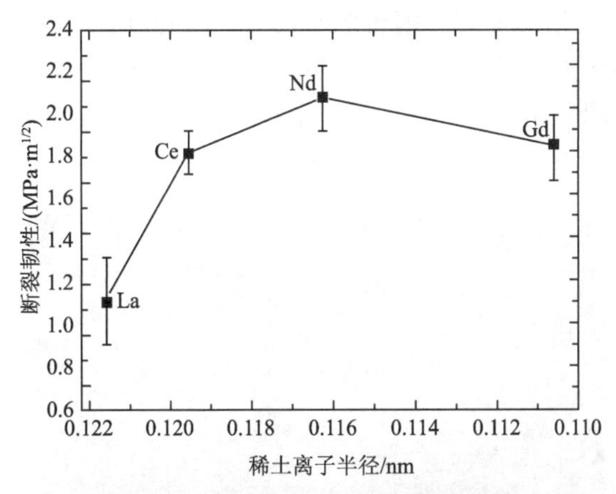

图 4.10 独居石结构 $REPO_4$ 的断裂韧性

(a)$CePO_4$

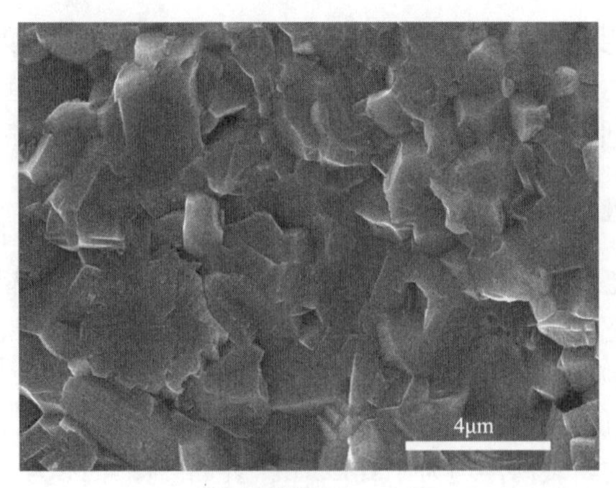

(b)$NdPO_4$

图 4.11　SPS 制备 $CePO_4$ 及 $NdPO_4$ 样品的断面 SEM 图

断裂方式均为穿晶与沿晶断裂的混合断裂模式，还存在晶粒拔出的现象。在样品断面中没有发现明显的气孔，与前面所测高致密度结果相吻合。另外，从 $CePO_4$ 的裂纹扩展途径(图 4.12)看，其主要为裂纹偏转，这可能主要由其层状结构造成，在样品扩展路径中没有发现桥接机制。

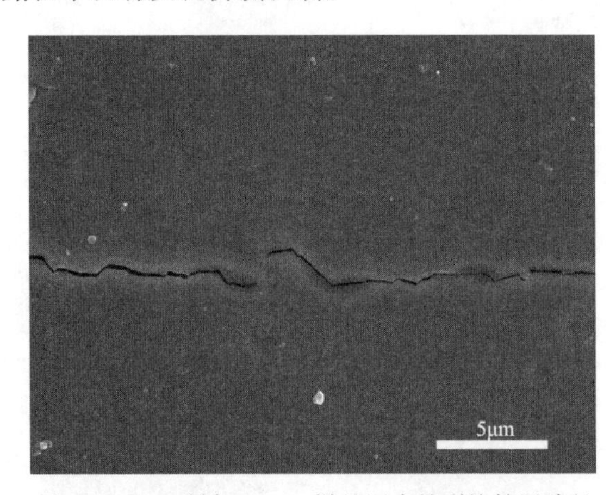

图 4.12　SPS 制备 $CePO_4$ 样品压痕的裂纹扩展路径

4. 抗弯强度

根据化学键类型，陶瓷材料在室温下几乎不能产生滑移或位错运动，因而很难产生塑性变形，因此其破坏方式为脆性断裂。陶瓷材料的抗弯强度是弹性变形抗力，是材料本身的物理参数。独居石结构 $REPO_4$ 的抗弯强度采用三点弯曲法测量，结果见图 4.13。由图 4.13 可以看出，$CePO_4$ 和 $GdPO_4$ 的抗弯强度较高(180MPa 左右)，而 $SmPO_4$ 的抗弯强度最低(92MPa 左右)，其他独居石结构

$REPO_4$的抗弯强度则集中在 135MPa 附近。抗弯强度实验值与 Hikichi 等[11]报道的值基本相符，但比 Perriere 等[14]报道的值略高，这可能与样品的制备工艺及组织结构有关。Perriere 等[14]采用固相合成工艺制备独居石结构 $REPO_4$样品，而本书则采用 SPS 技术制备样品，SPS 可以在较低温度下和较短时间内制得高致密度样品，由于烧结时间短、烧结温度低，所制备样品的晶粒更加均匀，而且利用 SPS 制备的独居石结构 $REPO_4$样品的致密度更高，因此相应的抗弯强度也更高。

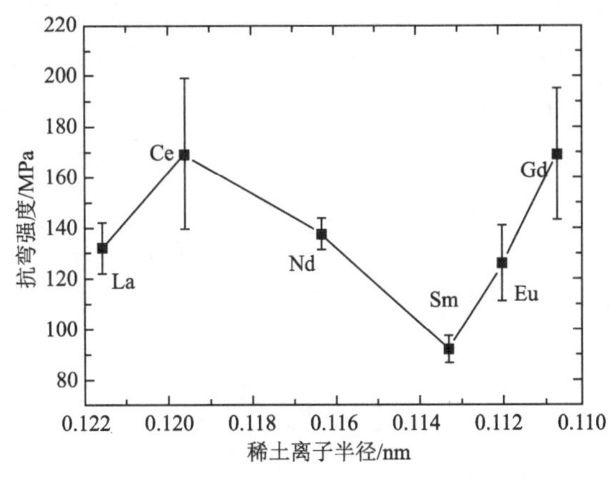

图 4.13　独居石结构 $REPO_4$ 的抗弯强度

4.2　层状复杂结构铝酸盐 $RE_2SrAl_2O_7$ 材料

4.2.1　结构

Al_2O_3 由于具备较高的硬度以及化学惰性，通常考虑将其添加进 YSZ 涂层中，以提高涂层的耐磨性能以及结合强度[18]，同时研究表明，Al_2O_3 的加入对涂层的韧性以及杨氏模量没有明显影响。但是 APS 获得的 Al_2O_3 涂层往往含有亚稳的 γ-Al_2O_3、σ-Al_2O_3 相，这些亚稳相在热循环过程中会转变为 α-Al_2O_3 相，同时伴随较大的体积变化(γ-Al_2O_3→α-Al_2O_3，体积膨胀率为 15%)，引起裂纹，造成涂层的失效[19, 20]。与 Al_2O_3 相比，铝酸盐保留了良好的力学性能，同时具备较高的相稳定性。钇铝石榴石($Y_3Al_xFe_{5-x}AlO_{12}$)具有优异的高温力学性能以及良好的相稳定性，而且它的氧扩散能力比 ZrO_2 低 90%，能够延缓黏结层的氧化，因此曾被提议用作热障涂层材料[21]。但是钇铝石榴石的热膨胀系数较低($9.1\times10^{-6}K^{-1}$)、热导率过高[3.0W/(m·K)，1000℃]，这些因素限制了它的应用。最近有关研究者提出了一种新型的 Al_2O_3 基材料 $MMeAl_{11}O_9$(M=La，Nd，

Me 为碱土元素)，能够在 1400℃高温下长期保持结构和热化学稳定性，而且它的烧结速率很低，热导率 1000℃下达到 1.7W/(m·K)[21]。

本节研究一种新型的复杂铝酸盐 $RE_2SrAl_2O_7$(RE 为镧系稀土元素)体系。目前该体系仅有结构方面的报道[22]，而性能方面还没有得到研究。该体系化合物的结构复杂，晶胞内原子数较多，声子间散射强烈，因此有望获得较低的热导率。

$RE_2SrAl_2O_7$ 体系属于四方晶系[22]，空间群为 I4/mmm。图 4.14 为 $RE_2SrAl_2O_7$ 体系的晶体结构图，它是由双层的钙钛矿结构(P2)和 RS(ruddelsden-popper)结构交替叠加而成的层状结构。AlO_6 八面体是该结构的主要组成单元，RE^{3+}和 Sr^{2+}分布在两种晶体学位置中，包括 RS 相的 O_9 多面体间隙以及 P2 相的 O_{12} 多面体间隙中。精细 XRD 研究表明，RE^{3+}离子半径决定了 RE^{3+}和 Sr^{2+}在这两种晶体学位置的分布状态，RE^{3+}离子半径较大，则分布较为无序；RE^{3+}离子半径较小，则 RE^{3+}倾向占据 AO_9 多面体间隙而 Sr^{2+}倾向占据 AO_{12} 多面体间隙。这种有序无序状态也决定了该体系的性能变化。

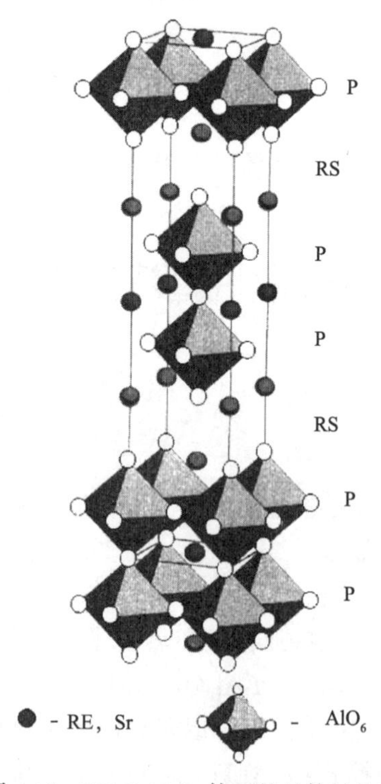

图 4.14　$RE_2SrAl_2O_7$ 体系的晶体结构图

$RE_2SrAl_2O_7$(RE=La，Nd，Sm，Eu，Gd，Dy)体系的 XRD 图谱如图 4.15 所示。$Gd_2SrAl_2O_7$ 的标准谱也列入图 4.15 中，加以比较。可以发现，$RE_2SrAl_2O_7$ 体系中稀土元素的变化并没有引起衍射峰的明显变化，表明 $RE_2SrAl_2O_7$ 体系结构基本一致。但是也存在某些衍射峰相对强度的变化，可能与整个体系内的微细结构变化有关。同时还可以观察到，稀土元素的变化也导致了衍射峰位有规律的偏移，根据布拉格衍射定律，衍射峰右移意味着晶面间距的减小，也就是晶胞体积的缩小，而由于镧系收缩，稀土元素从 La 到 Dy 离子半径也是逐渐减小的，两者相符。

$RE_2SrAl_2O_7$体系属于四方晶系，含有 a、c 两个晶体学参数，文献[22]根据 XRD 图谱经过计算得出晶体学参数[图 4.16(a)]，同时得到晶胞体积[图 4.16(b)]。

可以看到，随着稀土离子半径的减小，$RE_2SrAl_2O_7$ 体系晶胞体积是线性减小的，但晶体学参数的变化则表现出一定的非规则性，晶体学参数 a 在 Gd 以后甚至出现一定的上升。晶体学参数变化的非规则性表明，随着稀土离子半径的变化，$RE_2SrAl_2O_7$ 体系中出现了晶格畸变，在 x、y 轴晶体学平面膨胀，而在 z 轴缩短，主要是受到原子占位的影响。

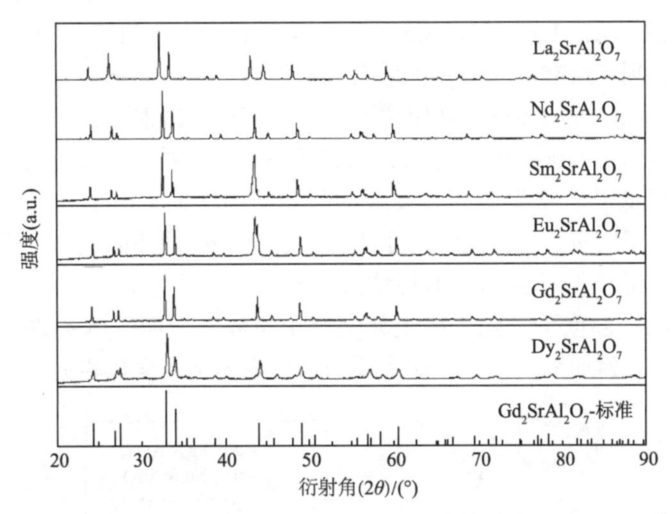

图 4.15　$RE_2SrAl_2O_7$(RE=La，Nd，Sm，Eu，Gd，Dy)体系及 $Gd_2SrAl_2O_7$ 的 XRD 图谱

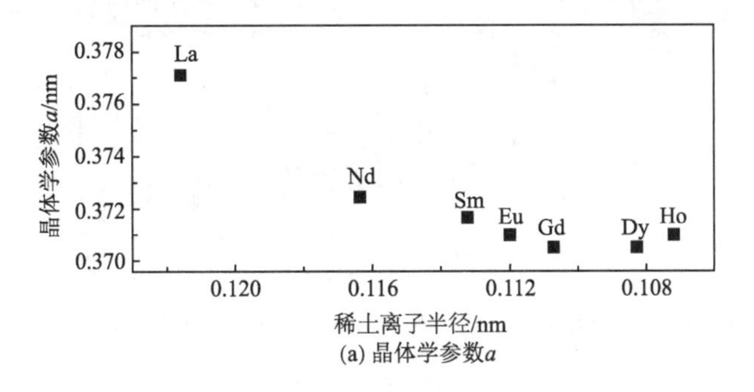

(a) 晶体学参数a

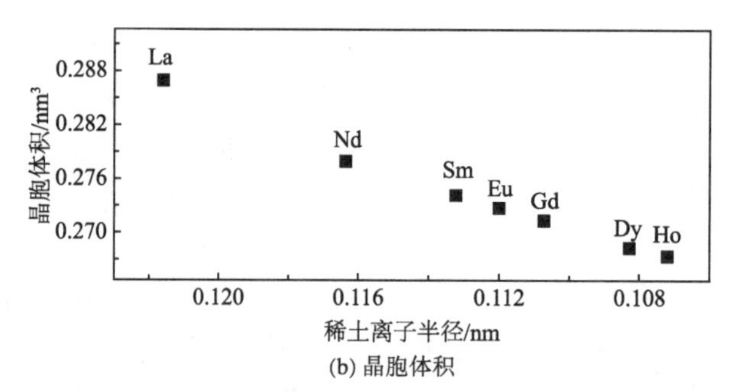

(b) 晶胞体积

图 4.16　$RE_2SrAl_2O_7$(RE=La，Nd，Sm，Eu，Gd，Dy，Ho)体系晶体学参数和晶胞体积与稀土离子半径的关系

4.2.2　热物理性能

$RE_2SrAl_2O_7$(RE=La，Nd，Sm，Eu，Gd，Dy)体系的热扩散系数如图 4.17 所示。可以看到，所有成分的热扩散系数均随温度的升高而减小，热扩散系数与温度近似成反比，说明该体系热阻主要来源于声子间散射。在高温下，所有成分的热扩散系数达到 0.006cm²/s 左右，明显低于 Al_2O_3 的热扩散系数，同时在铝酸盐中数值也较低[21]，主要因为其复杂的晶体结构增强了声子散射。复杂的晶体结构使高频声子增多，这些高频声子更容易受到各种缺陷的散射，同时复杂的晶体结构也会使晶格振动的非谐振性增加，导致声子间散射加剧[23, 24]。同时还可以发现，在同一温度下，随着稀土元素原子序数的增加，体系的热扩散系数降低，表明声子散射加强，这一规律主要与该体系的结构变化相关。

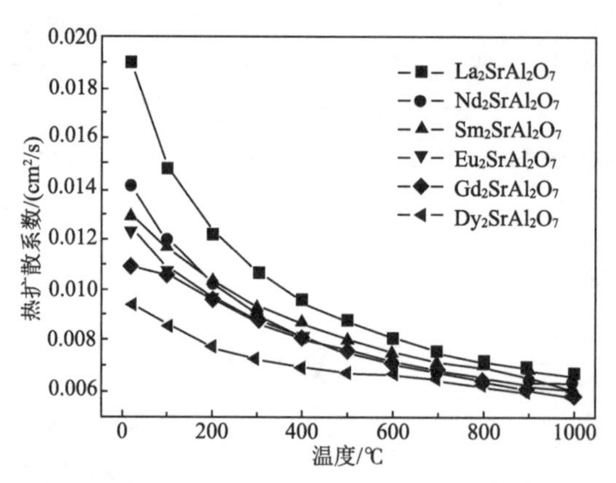

图 4.17　$RE_2SrAl_2O_7$(RE=La，Nd，Sm，Eu，Gd，Dy)体系的热扩散系数

如图 4.18 所示，$RE_2SrAl_2O_7$ 体系热导率的变化趋势与热扩散系数基本相似。$La_2SrAl_2O_7$ 的热导率随温度变化明显，随着稀土元素原子序数的增加，

$RE_2SrAl_2O_7$ 体系热导率总体呈逐渐下降趋势，到 $Dy_2SrAl_2O_7$ 的热导率随温度变化很小。$RE_2SrAl_2O_7$ 体系中不存在晶格缺陷，声子平均自由程主要受声子间散射的限制，热导率随成分的变化应当是由晶体结构的变化引起的。

$RE_2SrAl_2O_7$ 体系的结构已经采用精细 XRD 详细研究过，如图 4.19 所示，RE^{3+}和 Sr^{2+}分布在 AO_{12} 和 AO_9 多面体间隙中，前者空间较大而后者空间较小(晶体学位置分别记为 A_1，A_2)。当 RE^{3+}原子序数较小时，其半径与 Sr^{2+}相差不大，RE^{3+}和 Sr^{2+}分布比较无序；当 RE^{3+}原子序数增加时，其半径与 Sr^{2+}差别增加，RE^{3+}倾向于占据 AO_9 多面体间隙而 Sr^{2+}倾向于占据 AO_{12} 多面体间隙。

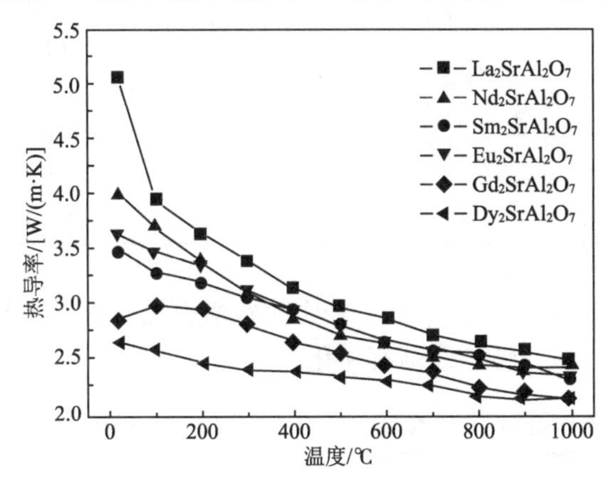

图 4.18　$RE_2SrAl_2O_7$(RE=La，Nd，Sm，Eu，Gd，Dy)体系的热导率

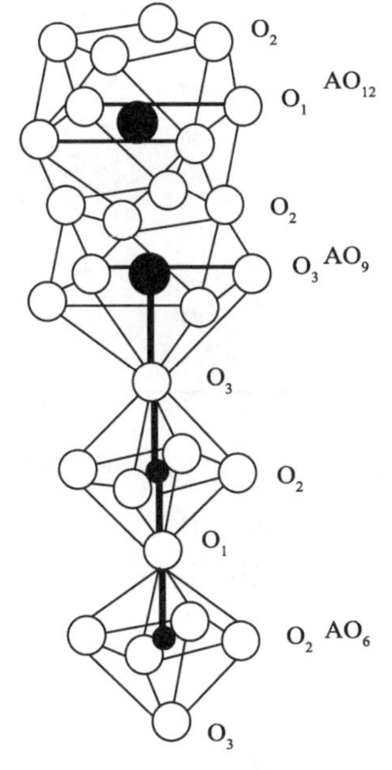

图 4.19　$RE_2SrAl_2O_7$体系结构中阳离子与氧离子多面体结构

表 4.1 为 Sr^{2+}、Al^{3+}以及部分镧系稀土元素 Shannon 离子半径，其中 Sr^{2+}为 12 配位，RE^{3+}为 9 配位，Al^{3+}为 6 配位。

表 4.1　Sr^{2+}、Al^{3+}以及部分镧系稀土元素 Shannon 离子半径

阳离子	离子半径/Å
Sr^{2+}	1.44
La^{3+}	1.216
Nd^{3+}	1.163
Sm^{3+}	1.132
Eu^{3+}	1.12
Gd^{3+}	1.107
Dy^{3+}	1.083
Ho^{3+}	1.072
Al^{3+}	0.535

表 4.2 为精细 XRD 拟合结果，表明随着稀土元素原子序数的增加，RE^{3+}和 Sr^{2+}出现位置取向分布，结构逐渐有序化。

表 4.2　$RE_2SrAl_2O_7$体系中 RE^{3+}和 Sr^{2+}在 A_1与 A_2位置的占位情况

晶体学位置	A_1		A_2	
A 离子	RE^{3+}	Sr^{2+}	RE^{3+}	Sr^{2+}
随机分布	0.67	0.33	1.33	0.67
$La_2SrAl_2O_7$	0.73	0.27	1.27	0.73
$Nd_2SrAl_2O_7$	0.54	0.46	1.46	0.54
$Sm_2SrAl_2O_7$	0.43	0.57	1.56	0.44
$Eu_2SrAl_2O_7$	0.32	0.68	1.67	0.33
$Gd_2SrAl_2O_7$	0.28	072	1.72	0.28
$Dy_2SrAl_2O_7$	0.21	0.79	1.79	0.21
$Ho_2SrAl_2O_7$	0.18	0.82	1.82	0.18

$RE_2SrAl_2O_7$ 体系结构有序化的结果就是更多的 Sr^{2+}占据了 AO_{12} 多面体间隙，导致 AO_{12} 多面体体积膨胀。AO_{12} 在 $RE_2SrAl_2O_7$ 结构中属于钙钛矿子结构(P2)，它和 AlO_6 八面体共同组成双层钙钛矿结构。钙钛矿结构的稳定性取决于两种阳离子的半径差异，可以用容忍度因子来描述[25]：

$$t=\frac{(r_A+r_O)}{\sqrt{2}(r_B+r_O)} \tag{4-1}$$

实际上 Sr^{2+}和 Al^{3+}离子半径相差过大，无法单独组成钙钛矿结构，因此在 $RE_2SrAl_2O_7$ 体系中，由 Sr^{2+}和 Al^{3+}组成的钙钛矿结构存在明显的畸变，结构不稳定。这也是镧系元素中 Ho 以后的元素无法合成 $RE_2SrAl_2O_7$ 的原因。

如图 4.20 所示，$RE_2SrAl_2O_7$ 体系中钙钛矿结构的畸变可以用 AlO_6 八面体的变形度 $r(Al\text{-}O_1)/r(Al\text{-}O_3)$ 来表示。

如图 4.21 所示，$La_2SrAl_2O_7$(RE=La，Nd，Sm，Eu，Gd，Dy，Ho)体系的 $r(Al\text{-}O_1)/r(Al\text{-}O_2)$ 接近 1，随着稀土离子半径的减小，AlO_6 八面体的变形度增加，表明 $RE_2SrAl_2O_7$ 体系的晶格畸变也增加。这种晶格畸变带来了额外的声子散射，导致热导率下降。

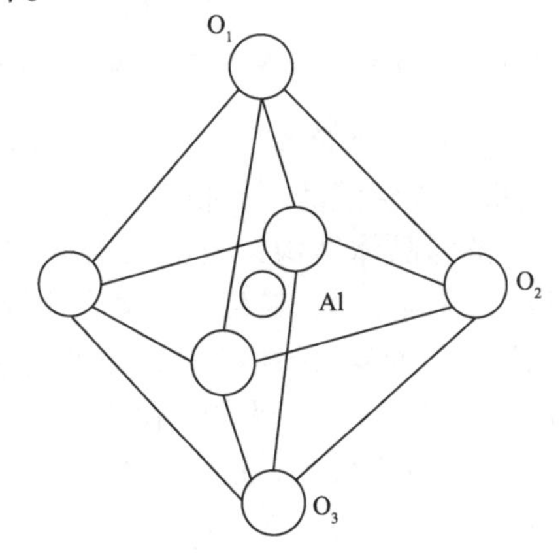

图 4.20　$RE_2SrAl_2O_7$ 体系中 AlO_6 八面体结构

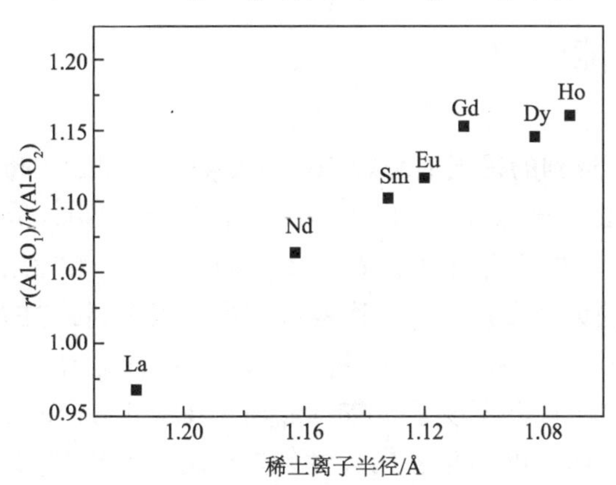

图 4.21　$RE_2SrAl_2O_7$(RE=La，Nd，Sm，Eu，Gd，Dy，Ho)体系中 AlO_6 八面体变形情况[22]

$RE_2SrAl_2O_7$(RE=La，Nd，Sm，Eu，Gd，Dy)体系的泊松比也出现明显的成分相关性，如图 4.22 所示。除 $La_2SrAl_2O_7$ 外，泊松比随着稀土元素原子序数的增加而增加。泊松比反映了晶体中键长和键角的变化关系，$RE_2SrAl_2O_7$ 体系中泊松比的变化也应当同晶格畸变相关。

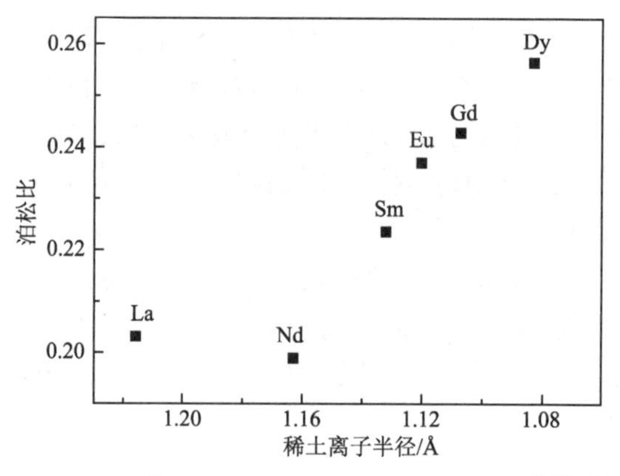

图 4.22　$RE_2SrAl_2O_7$(RE=La，Nd，Sm，Eu，Gd，Dy)体系的泊松比

在高温下 $RE_2SrAl_2O_7$ 体系的热导率最低值达到 2.2W/(m·K)，比 YSZ 略低，同时低于钇铝石榴石等其他铝酸盐。根据以上讨论，$RE_2SrAl_2O_7$ 体系较低的热导率主要来源于其复杂的晶体结构以及晶格畸变。但同时应该注意到，$RE_2SrAl_2O_7$ 体系的热导率明显高于稀土锆酸盐体系，主要的原因是该体系原子堆积密度较高，没有晶格缺陷，而复杂晶格以及晶格畸变的声子散射强度小于氧离子空位的声子散射强度，不足以使声子平均自由程逼近其极限值。同时弹性模量偏高(约 270GPa)，导致声子速度较高，这也是 $RE_2SrAl_2O_7$ 体系热导率高于稀土锆酸盐体系的原因之一。

4.2.3　力学性能

表 4.3 为计算得到的稀土铝酸盐 $RE_2SrAl_2O_7$(RE=La，Nd，Sm，Eu，Gd，Dy)体系的弹性系数，表 4.4 为 $RE_2SrAl_2O_7$(RE=La，Nd，Sm，Eu，Gd，Dy)体系的柔性系数。在四方晶体中，$C_{11}=C_{22}\neq C_{33}$，C_{11} 和 C_{33} 的差异可以从沿[100]和[001]方向的力学模量看出。从表 4.3 中可以看到，$RE_2SrAl_2O_7$(RE=La，Nd，Sm，Eu，Gd，Dy)体系的 C_{11} 和 C_{33} 很接近，C_{44} 和 C_{66} 也相近，说明其沿[001]方向的各向异性并不明显，如 $Sm_2SrAl_2O_7$ 和 $Eu_2SrAl_2O_7$。从这些结果来看，$RE_2SrAl_2O_7$ 体系的力学各向异性较弱，除 $La_2SrAl_2O_7$ 外其他化合物的 C_{11} 和 C_{66} 大部分仅略微大于 C_{33} 和 C_{44}，说明这些化合物层内的化学键略微强于层间。α-Al_2O_3 和 SrO 的弹性系数也列于表 4.3 中进行比较，以进一步研究组成化合物对 $RE_2SrAl_2O_7$ 体系性质的影响。在 $RE_2SrAl_2O_7$ 体系中主要有两种结构单元，即沿着[001]方向分布着的双钙钛矿结构和页岩矿层。在双钙钛矿结构中最主要的单元是 AlO_6 八面体，这与 α-Al_2O_3 中的情况相类似，此外，SrO 中

形成强离子键 Sr—O 键，导致该部分结构的弹性系数特征类似于离子晶体，故 $RE_2SrAl_2O_7$ 体系是离子键和共价键混合组成的。α-Al_2O_3 具有六方结构，其独立的弹性系数有 6 个；SrO 则是简单的立方结构，仅有 3 个独立的弹性系数，计算的 $RE_2SrAl_2O_7$ 体系的弹性系数处于 α-Al_2O_3 和 SrO 中间。Al—O 和 RE—O 混合键在 $RE_2SrAl_2O_7$ 体系中起主导作用，四方晶系的力学稳定条件如下[26]：

$$\begin{aligned} &C_{11}>0,\quad C_{33}>0,\ C_{44}>0,\quad C_{66}>0,\\ &(C_{11}-C_{12})>0,\quad (C_{11}+C_{33}-2C_{13})>0,\\ &[2(C_{11}+C_{12})+C_{33}+4C_{13}]>0 \end{aligned} \tag{4-2}$$

根据式(4-2)，采用计算得到的弹性系数可以快速判断化合物是否为力学稳定结构，这与化合物的能量计算中结合能和生成焓的结果相一致。力学性质的计算采用 VRH(Voigt-Reuss-Hill)近似，根据第一性原理计算得到的弹性系数，各种模量如下：

$$B_{\mathrm{VRH}}=\frac{1}{2}(B_{\mathrm{V}}+B_{\mathrm{R}}) \tag{4-3}$$

$$G_{\mathrm{VRH}}=\frac{1}{2}(G_{\mathrm{V}}+G_{\mathrm{R}}) \tag{4-4}$$

$$E=9B_{\mathrm{VRH}}G_{\mathrm{VRH}}/(3B_{\mathrm{VRH}}+G_{\mathrm{VRH}}) \tag{4-5}$$

其中，B、G 和 E 分别为体积模量、剪切模量和杨氏模量，具体计算过程如下：

$$\begin{cases} B_{\mathrm{V}}=\dfrac{1}{9}\left[2(C_{11}+C_{12})+C_{33}+4C_{13}\right]\\ G_{\mathrm{V}}=\dfrac{1}{30}(M+3C_{11}-3C_{12}+12C_{44}+6C_{66})\\ B_{\mathrm{R}}=C^2/M,\quad G_{\mathrm{R}}=\dfrac{15}{\left\{(18B_{\mathrm{V}}/C^2)+\left[6/(C_{11}-C_{12})\right]+(6/C_{44})+(3/C_{66})\right\}}\\ M=C_{11}+C_{12}+2C_{33}-4C_{13},\quad C^2=(C_{11}+C_{12})C_{33}-2C_{13}{}^2 \end{cases} \tag{4-6}$$

表 4.5 为计算得到 $RE_2SrAl_2O_7$ 体系的体积模量、剪切模量、杨氏模量和泊松比。从计算的体积模量来看，$RE_2SrAl_2O_7$ 体系的体积模量小于 200GPa，其中最大的是 $Gd_2SrAl_2O_7$，达到 188.6GPa，略微大于 $Dy_2SrAl_2O_7$；$Eu_2SrAl_2O_7$ 的体积模量仅为 171.4GPa。除 $La_2SrAl_2O_7$ 外，$RE_2SrAl_2O_7$ 体系的剪切模量都很相

近，这从图 4.23 中可以看到，随着稀土离子半径减小，$RE_2SrAl_2O_7$ 体系的体积模量和剪切模量的变化显示出不同的特征。由于 $La_2SrAl_2O_7$ 中计算的 C_{44} 明显小于其他 $RE_2SrAl_2O_7$ 体系化合物，其剪切模量明显低于其他 $RE_2SrAl_2O_7$ 体系化合物，这可能是由于 La 元素中未包含 4f 轨道。

表 4.3 计算得到的 $RE_2SrAl_2O_7$(RE=La，Nd，Sm，Eu，Gd，Dy)体系、α-Al_2O_3 和 SrO 的弹性系数(单位：GPa)

样品	方法	弹性系数					
		C_{11}	C_{33}	C_{44}	C_{66}	C_{12}	C_{13}
$La_2SrAl_2O_7$	计算	252.7	272.4	117.7	137.6	130.1	141.6
$Nd_2SrAl_2O_7$	计算	292.0	276.5	120.2	131.2	113.4	131.9
$Sm_2SrAl_2O_7$	计算	283.7	275.1	123.2	123.8	102.8	129
$Eu_2SrAl_2O_7$	计算	288.4	273.0	118.9	124.4	103.9	121.3
$Gd_2SrAl_2O_7$	计算	298.3	285.3	122.1	120.2	109.4	126.6
$Dy_2SrAl_2O_7$	计算	286.4	261.8	120.1	132.3	102.6	134.8
α-Al_2O_3	计算	489.7	491.0	138.05	—	142.6	126.6
SrO	计算	170.7	—	56.9	—	44.1	—

表 4.4 $RE_2SrAl_2O_7$(RE=La，Nd，Sm，Eu，Gd，Dy)体系的柔性系数(单位：GPa^{-1})

样品	柔性系数					
	S_{11}	S_{33}	S_{44}	S_{66}	S_{12}	S_{13}
$La_2SrAl_2O_7$	0.006200	0.005965	0.008496	0.007267	−0.00196	−0.00221
$Nd_2SrAl_2O_7$	0.004588	0.005245	0.008319	0.007622	−0.00101	−0.00171
$Sm_2SrAl_2O_7$	0.004647	0.005291	0.008117	0.008078	−0.00088	−0.00177
$Eu_2SrAl_2O_7$	0.004467	0.005051	0.00841	0.008039	−0.00095	−0.00156
$Gd_2SrAl_2O_7$	0.004334	0.004838	0.008190	0.008319	−0.00095	−0.00156
$Dy_2SrAl_2O_7$	0.004719	0.005939	0.008326	0.007559	−0.00072	−0.00206

表 4.5 $RE_2SrAl_2O_7$(RE=La，Nd，Sm，Eu，Gd，Dy)体系、α-Al_2O_3 和 SrO 的体积模量、剪切模量、杨氏模量和泊松比

样品	方法	体积模量/GPa			剪切模量/GPa			杨氏模量/GPa		泊松比		
		B_V	B_R	B_H	G_V	G_R	G_H	E_x=E_y	E_z	ν_{xy}	ν_{xz}	ν_{zx}
$La_2SrAl_2O_7$	计算	178.3	177.7	178.0	98.9	87.3	93.1	161.2	167.6	0.215	0.356	0.37
	实验	137.0	—	—	100.0	—	—	166.4	—	0.203	—	—

续表

样品	方法	体积模量/GPa			剪切模量/GPa			杨氏模量/GPa		泊松比		
		B_V	B_R	B_H	G_V	G_R	G_H	$E_x=E_y$	E_z	ν_{xy}	ν_{xz}	ν_{zx}
$Nd_2SrAl_2O_7$	计算	179.4	179.4	179.4	106.5	101.2	103.9	218.0	190.7	0.22	0.372	0.325
	实验	140.0	—	—	104.0	—	—	186.0	—	0.199	—	—
$Sm_2SrAl_2O_7$	计算	173.8	173.6	173.7	106.1	100.7	103.4	251.2	188.9	0.19	0.38	0.334
	实验	159.8	—	—	109.1	—	—	252.3	—	0.223	—	—
$Eu_2SrAl_2O_7$	计算	171.4	171.4	171.4	106.0	102.2	104.1	223.8	197.9	0.213	0.35	0.309
	实验	160.0	—	—	102.0	—	—	240.0	—	0.237	—	—
$Gd_2SrAl_2O_7$	计算	188.6	188.0	188.3	109.5	108.3	108.9	264.8	205.9	0.211	0.346	0.325
	实验	174.5	—	—	108.9	—	—	257.9	—	0.243	—	—
$Dy_2SrAl_2O_7$	计算	184.3	178.9	181.6	108.7	106.3	107.5	245.9	198.6	0.179	0.306	0.356
	实验	188.0	—	—	109.0	—	—	230.4	—	0.257	—	—
α-Al_2O_3	计算	251.3	251.3	251.3	161.6	159.1	160.3	430.6	440.2	0.241	0.196	0.2
	实验	—	—	—	—	—	—	—	—	0.23	—	—
SrO	计算	86.1	86.1	86.1	59.3	59.3	59.3	151.8	151.8	0.206	0.206	0.206
	实验	82.4	82.4	82.4	58.7	58.7	58.7	—	—	0.21	—	—

在表 4.5 中可以看出，$RE_2SrAl_2O_7$ 体系的模量并不随着稀土离子半径变化而变化，且实验得到的体积模量和杨氏模量的变化特征并不同于理论计算，实验获得的 $La_2SrAl_2O_7$、$Eu_2SrAl_2O_7$ 和 $Gd_2SrAl_2O_7$ 杨氏模量随稀土离子半径的变化而变化，这与理论计算获得的规律不同。杨氏模量代表了材料抗击轴向变形的能力，其值接近于 C_{11} 和 C_{33}，有趣的是 C_{11} 和 C_{33} 在 $La_2SrAl_2O_7$ 到 $Gd_2SrAl_2O_7$ 中不断增大，换句话说，剪切模量没有过多地受稀土离子半径影响，原因是 C_{44} 在 $RE_2SrAl_2O_7$ 体系中基本是常数。这是由 $RE_2SrAl_2O_7$ 体系是层状结构的特征决定的，层与层之间的结合力决定了其剪切模量。文献[27]中计算了稀土锆酸盐的弹性系数和力学模量，比较发现它们有较大的 C_{11} 和 C_{12}，而 C_{11} 与 $RE_2SrAl_2O_7$ 体系相类似。然而，计算的 C_{44} 远小于焦绿石结构 $RE_2Zr_2O_7$。表 4.5 中计算了 $RE_2SrAl_2O_7$ 体系的杨氏模量沿不同方向的情况，明显地发现层间方向的值小于层内方向的值，即沿[001]方向的值明显弱于平行于平面方向([100]和[010]方向)的值。结合表 4.5 和图 4.23，$RE_2SrAl_2O_7$ 体系的模量的计算值与实验值符合较好，说明计算的相关结果可以作为参考。实验测试经常受显微结构(如缺陷、位错、晶界等)的影响，所以带有一定的不确定性，可以和计算相辅相成。

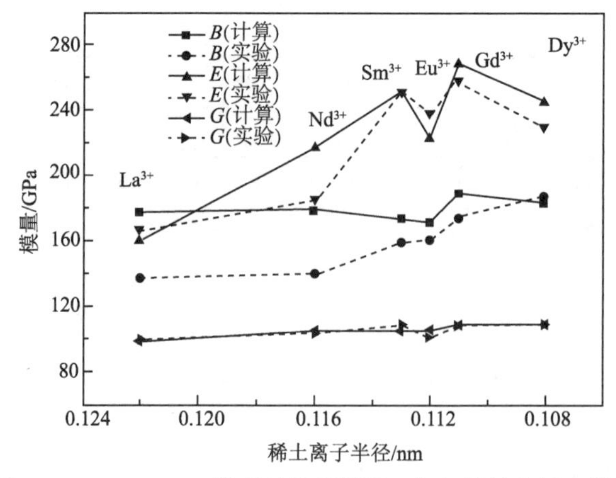

图 4.23　$RE_2SrAl_2O_7$ 体系的体积模量、剪切模量和杨氏模量

参 考 文 献

[1] Ni Y, Hughes J M, Mariano A N. Crystal chemistry of the monazite and xenotime Structures[J]. American Mineralogist, 1995, 80(1-2): 21-26.

[2] Mooney R C L. Crystal structures of a series of rare earth phosphates[J]. Journal of Chemical Physics, 1948, 16(10): 1003.

[3] Mooney R C L. X-ray diffraction study of cerous phosphate and related crystals. 1. Hexagonalmodification[J]. Acta Crystallographica, 1950, 3(5): 337-340.

[4] Wickham D G. Use of lead pyrophosphate as a flux for crystal growth[J]. Journal of Applied Physics, 1963, 33(12): 3597-3598.

[5] Mullica D F, Milligan W O, Grossie D A, et al. Nine-fold coordination in $LaPO_4$: Pentagonal interpenetrating tetrahedral polyhedron[J]. Inorganica Chimica Acta, 1984, 95(4): 231-236.

[6] Mullica D F, Grossie D A, Boatner L A. Structural refinements of praseodymium and neodymium orthophosphate[J]. Journal of Solid State Chemistry, 1985, 58(1): 71-77.

[7] Mullica D F, Grossie D A, Boatner L A. Coordination geometry and structural determinations of $SmPO_4$, $EuPO_4$, and $GdPO_4$[J]. Inorganica Chimica Acta, 1985, 109(2): 105-110.

[8] Beall G W, Boatner L A, Mullica D F, et al. The structure of cerium orthophosphate, a synthetic analog of monazite[J]. Journal of Inorganic & Nuclear Chemistry, 1981, 43(1): 101-105.

[9] Boatner L A. Synthesis, structure, and properties of monazite, pretulite, and xenotime[J]. Reviews in Mineralogy and Geochemistry, 2002, 48(1): 87-121.

[10] Kingery W D. Introduction to Ceramic [M]. 2nd ed. New York: Wiley Interscience, 1976: 634-636.

[11] Hikichi Y, Nomura T, Tanimura Y, et al. Sintering and properties of monazite-type $CePO_4$[J]. Journal of the American Ceramic Society, 1990, 73(12): 3594-3596.

[12] Winter M R, Clarke D R. Oxide materials with low thermal conductivity[J]. Journal of the American Ceramic Society, 90(2): 533-540.

[13] Bakker K, Hein H, Konings R J M, et al. Thermophysical property measurements and ion-implantation studies on $CePO_4$[J]. Journal of Nuclear Materials, 1998, 252(3): 228-234.

[14] Perriere L, Bregiroux D, Naitali B, et al. Microstructural dependence of the thermal and mechanical properties of monazite $LnPO_4$ (Ln = La to Gd) [J]. Journal of the European Ceramic Society, 2007, 27(10): 3207-3213.

[15] Davis J B, Marshall D B, Housley R M, et al. Machinable ceramics containing rare-earth phosphates[J]. Journal of the American Ceramic Society, 1998, 81(8): 2169-2175.

[16] Wang R G, Pan W, Chen J, et al. Microstructure and mechanical properties of machinable $Al_2O_3/LaPO_4$ composites by hot pressing[J]. Ceramics International, 2003, 29(1): 83-89.

[17] Zhou Z J, Pan W, Xie Z P. Preparation of machinable Ce-TZP/$CePO_4$ composites by liquid precusor infiltration[J]. Journal of the European Ceramic Society, 2003, 23(10): 1649-1654.

[18] Sainte-Catherine M C, Derep J L, Lumet J P, et al. Zirconia-alumina plasma sprayed coatings: Correlation between microstructure and properties[M]// Sandmeier S, Eschnauer H, Huber P, et al. The 2nd Plasma-technik-symposium. Wohlen: Plasma-Technik AG, 1991: 131-140.

[19] Chraska P, Dubsky J, Neufuss K, et al. Alumina-base plasma-sprayed materials .1. Phase stability of alumina and alumina-chromia[J]. Journal of Thermal Spray Technology, 1997, 6(3): 320-326.

[20] Ilavsky J, Berndt C C, Herman H, et al. Alumina-base plasma-sprayed materials .2. Phase transformations in aluminas[J]. Journal of Thermal Spray Technology, 1997, 6(4): 439-444.

[21] Cao X Q, Vassen R, Stoever D. Ceramic materials for thermal barrier coatings[J]. Journal of the European Ceramic Society, 2004, 24(1): 1-10.

[22] Zvereva I, Smimov Y, Gusarov V, et al. Complex aluminates $RE_2SrAl_2O_7$ (RE = La, Nd, Sm-Ho): Cation ordering and stability of the double perovskite slab-rocksalt layer P-2/RS intergrowth[J]. Solid State Sciences, 2003, 5(2): 343-349.

[23] Berman R. Thermal Conduction in Solids[M]. Oxford: Clarendon Press, 1976.

[24] 韦丹. 固体物理[M]. 北京: 清华大学出版社, 2003.

[25] Stolen S, Bakken E, Mohn C E. Oxygen-deficient perovskites: Linking structure, energetics and ion transport[J]. Physical Chemistry Chemical Physic, 2006, 8(4): 429-447.

[26] Feng J, Xiao B, Zhou R, et al. Anisotropic elastic and thermal properties of the double perovskite slab-rock salt layer $Ln_2SrAl_2O_7$ (Ln = La, Nd, Sm, Eu, Gd or Dy) natural superlattice structure[J]. Acta Materialia, 2012, 60(8): 3380-3392.

[27] Feng J, Xiao B, Wan C L, et al. Electronic structure, mechanical properties and thermal conductivity of $Ln_2Zr_2O_7$ (Ln = La, Pr, Nd, Sm, Eu and Gd) [J]. Acta Materialia, 2011, 59(4): 1742-1760.